绘制手表图形

按钮设计

牛奶盒加倒影

宣传折页设计

绘制红色的西红柿效果

名片设计

绘制水晶昆虫

冰淇淋包装盒设计

手提袋设计

化妆瓶设计

轮廓文字效果

折扇

透视立体文字效果

运动风格的标志设计

方便面碗面包装设计

绘制电池效果

胶片文字效果

三折页设计展示效果图

时尚卡通T恤衫设计1

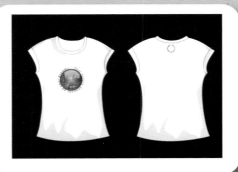

时尚卡通T恤衫设计2

CorelDRAW X4 中文版
基础与实例教程

绘制盘套和光盘图形

海报设计

绘制盘套和光盘图形

光盘盘面设计　　　　　　伞面设计

电脑图书封面及光盘面设计1

电脑图书封面及光盘面设计

电脑艺术设计系列教材

CorelDRAW X4 中文版
基础与实例教程

张凡　　李岭　　　等编著

设计软件教师协会　　　审

机械工业出版社

本书属于实例教程类图书，特点是将艺术灵感和电脑技术相结合。全书分为基础入门、基础实例演练和综合实例演练3部分，共9章。内容包括：CorelDRAW X4基础知识、CorelDRAW X4新增功能、对象的创建与编辑、直线与曲线的使用、轮廓线与填充的使用、文本的使用、交互式工具的使用、位图滤镜特效与透镜效果的使用、综合实例，旨在帮助读者用较短的时间掌握这一软件。本书系统全面地介绍了CorelDRAW X4的使用方法和技巧，书中包装设计、封面设计、服装设计、标志设计等实例突出了实用性的特点。

本书配套光盘中还包含了全书所有实例的高清晰度多媒体影像文件及教学课件。

本书内容丰富，结构清晰，实例典型，讲解详尽，富于启发性，既可作为本科、专科院校相关专业师生或社会培训班的教材，也可作为平面设计爱好者的自学用书。

图书在版编目（CIP）数据

CorelDRAW X4 中文版基础与实例教程/ 张凡等编著.
—北京：机械工业出版社，2009.4
（电脑艺术设计系列教材）
ISBN 978-7-111-26617-4

Ⅰ．C… Ⅱ．张… Ⅲ．图形软件，CorelDRAW X4—教材
Ⅳ．TP391.41

中国版本图书馆CIP数据核字（2009）第040217号

机械工业出版社（北京市百万庄大街22号 邮政编码100037）
策 划：张宝珠
责任编辑：唐德凯
责任印制：乔 宇
北京双青印刷厂印刷
2009年4月第1版·第1次印刷
184mm×260mm ·19.25印张·10插页·471千字
0001—3000册
标准书号：ISBN 978-7-111-26617-4
        ISBN 978-7-89451-042-6（光盘）
定价：45.00元（含1CD）

凡购本书，如有缺页，倒页，脱页，由本社发行部调换
销售服务热线电话：（010）68326294
购书热线电话：（010）88379639 88379641 88379643
编辑热线电话：（010）88379753 88379739
封面无防伪标均为盗版

前　　言

　　CorelDRAW X4是Corel公司推出的一款非常优秀的矢量图形设计软件，它以编辑方式简便实用，所支持的素材格式广泛等优势，受到众多图形绘制人员、平面设计人员和爱好者的青睐。CorelDRAW X4已被广泛应用于广告设计、服装设计、插画设计、包装设计及版式设计等与平面设计相关的各个领域。

　　本书属于实例教程类图书，全书分为 9 章，其主要内容如下。

　　第1部分基础入门，包括2章：第1章主要介绍CorelDRAW X4基础知识；第2章介绍CorelDRAW X4一些主要的新增功能。

　　第2部分基础实例演练，包括6章：第3章介绍基础对象的创建与编辑方法；第4章介绍直线和曲线的绘制和编辑方法；第5章主要介绍轮廓线与填充在实际中的具体应用；第6章主要介绍CorelDRAW X4中的文本在实际中的具体应用；第7章主要介绍CorelDRAW X4中交互工具的使用；第8章主要介绍位图滤镜特效与透镜效果的使用。

　　第3部分综合实例演练，包括1章（第9章）：主要讲解综合利用前面各章的知识来制作目前流行的包装设计、封面设计、标志设计、服装设计等作品。

　　本书是"设计软件教师协会"推出的系列教材之一。本书实例内容丰富、结构清晰、实例典型、讲解详尽、富于启发性。全部实例都是由多所院校（中央美术学院、北京师范大学、清华大学美术学院、北京电影学院、中国传媒大学、天津美术学院、天津师范大学艺术学院、首都师范大学、北京工商大学传播与艺术学院、山东理工大学艺术学院、河北职业艺术学院）具有丰富教学经验的知名教师和一线优秀设计人员从长期教学和实际工作中总结出来的。为了便于读者学习，本书配套光盘中含有大量高清晰度的教学视频文件。

　　参与本书编写的人员（按照拼音字母先后排序）还有：蔡曾谙、程大鹏、冯贞、关金国、韩立凡、李建刚、李羿丹、李营、李波、宋毅、孙立中、宋兆锦、田富源、王上、王浩、王世旭、肖立邦、许文开、于元青、张帆、张锦、郑志宇。

　　本书既可作为本科、专科院校相关专业师生或社会培训班的教材，也可作为平面设计爱好者的自学用书。

　　由于作者水平有限，书中不妥之处，敬请读者批评指正。

编　者

目　　录

前言

第1部分　基 础 入 门

第1章　CorelDRAW X4 基础知识 ……………………………………………………… 2
1.1　CorelDRAW X4 的工作界面 …………………………………………………………… 2
1.2　文件的基本操作 …………………………………………………………………………… 5
　　1.2.1　新建和打开图形文件 ………………………………………………………………… 6
　　1.2.2　导入和导出文件 ……………………………………………………………………… 7
　　1.2.3　保存和关闭图形文件 ………………………………………………………………… 8
1.3　页面的基本设置 …………………………………………………………………………… 9
　　1.3.1　设置页面的方向和大小 ……………………………………………………………… 9
　　1.3.2　设置页面背景 ……………………………………………………………………… 10
　　1.3.3　插入页面 …………………………………………………………………………… 11
　　1.3.4　重命名页面 ………………………………………………………………………… 12
　　1.3.5　删除页面 …………………………………………………………………………… 12
1.4　标准图形对象的创建与操作 …………………………………………………………… 12
　　1.4.1　创建标准图形对象 ………………………………………………………………… 12
　　1.4.2　对象的基本操作 …………………………………………………………………… 19
1.5　直线和曲线的绘制与编辑 ……………………………………………………………… 26
　　1.5.1　直线和曲线的绘制 ………………………………………………………………… 26
　　1.5.2　编辑曲线 …………………………………………………………………………… 34
　　1.5.3　切割图形 …………………………………………………………………………… 37
　　1.5.4　擦除图形 …………………………………………………………………………… 37
　　1.5.5　修饰图形 …………………………………………………………………………… 37
　　1.5.6　重新整合图形 ……………………………………………………………………… 40
1.6　轮廓线与填充 …………………………………………………………………………… 44
　　1.6.1　轮廓线编辑 ………………………………………………………………………… 44
　　1.6.2　使用填充 …………………………………………………………………………… 46
　　1.6.3　交互式填充和交互式网状填充 …………………………………………………… 49
1.7　文本的创建与编辑 ……………………………………………………………………… 50
　　1.7.1　输入文本 …………………………………………………………………………… 51
　　1.7.2　编辑文本 …………………………………………………………………………… 52

　　1.7.3　文本效果 ·· 53

1.8　交互式工具 ·· 55

　　1.8.1　交互式调和工具 ······························ 56

　　1.8.2　交互式轮廓图工具 ·························· 64

　　1.8.3　交互式变形工具 ······························ 65

　　1.8.4　交互式封套工具 ······························ 67

　　1.8.5　交互式立体化工具 ·························· 69

　　1.8.6　交互式阴影工具 ······························ 74

　　1.8.7　交互式透明工具 ······························ 75

1.9　位图滤镜特效与透镜效果 ······················ 78

　　1.9.1　位图的基本操作 ······························ 79

　　1.9.2　转换位图的颜色模式 ······················ 81

　　1.9.3　调整位图的色调 ······························ 81

　　1.9.4　位图滤镜效果 ·································· 90

1.10　课后练习 ·· 108

第2章　CorelDRAW X4 新增功能 ············ 109

2.1　文本格式的实时预览功能 ······················ 109

2.2　表格的合并和拆分功能 ·························· 109

2.3　增强的页面控制功能 ······························ 110

2.4　点阵图和矢量图转换功能 ······················ 110

2.5　字体识别功能 ·· 111

2.6　图片的倾斜度调整功能 ·························· 111

2.7　课后练习 ·· 112

第2部分　基础实例演练

第3章　对象的创建与编辑 ························ 114

3.1　伞面设计 ·· 114

3.2　绘制盘套和光盘图形 ······························ 118

3.3　扇子效果 ·· 125

3.4　课后练习 ·· 131

第4章　直线与曲线的使用 ························ 133

4.1　海报设计 ·· 133

4.2　牛奶包装盒设计 ···································· 145

4.3　冰淇淋包装盒设计 ································ 156

4.4　课后练习 ·· 167

第5章　轮廓线与填充的使用 ···················· 168

5.1　绘制红色的西红柿效果 ·························· 168

5.2　绘制电池效果 ⋯⋯⋯⋯⋯⋯⋯⋯⋯⋯⋯⋯⋯⋯⋯⋯⋯⋯⋯ 172

5.3　绘制手表图形 ⋯⋯⋯⋯⋯⋯⋯⋯⋯⋯⋯⋯⋯⋯⋯⋯⋯⋯⋯ 178

5.4　课后练习 ⋯⋯⋯⋯⋯⋯⋯⋯⋯⋯⋯⋯⋯⋯⋯⋯⋯⋯⋯⋯⋯ 186

第6章　文本的使用 ⋯⋯⋯⋯⋯⋯⋯⋯⋯⋯⋯⋯⋯⋯⋯⋯⋯⋯⋯ 187

6.1　胶片文字效果 ⋯⋯⋯⋯⋯⋯⋯⋯⋯⋯⋯⋯⋯⋯⋯⋯⋯⋯⋯ 187

6.2　轮廓文字效果 ⋯⋯⋯⋯⋯⋯⋯⋯⋯⋯⋯⋯⋯⋯⋯⋯⋯⋯⋯ 189

6.3　三折页设计 ⋯⋯⋯⋯⋯⋯⋯⋯⋯⋯⋯⋯⋯⋯⋯⋯⋯⋯⋯⋯ 191

6.4　课后练习 ⋯⋯⋯⋯⋯⋯⋯⋯⋯⋯⋯⋯⋯⋯⋯⋯⋯⋯⋯⋯⋯ 206

第7章　交互式工具的使用 ⋯⋯⋯⋯⋯⋯⋯⋯⋯⋯⋯⋯⋯⋯⋯ 207

7.1　凸出立体文字效果 ⋯⋯⋯⋯⋯⋯⋯⋯⋯⋯⋯⋯⋯⋯⋯⋯⋯ 207

7.2　名片设计 ⋯⋯⋯⋯⋯⋯⋯⋯⋯⋯⋯⋯⋯⋯⋯⋯⋯⋯⋯⋯⋯ 209

7.3　绘制水晶昆虫效果 ⋯⋯⋯⋯⋯⋯⋯⋯⋯⋯⋯⋯⋯⋯⋯⋯⋯ 213

7.4　透视立体文字效果 ⋯⋯⋯⋯⋯⋯⋯⋯⋯⋯⋯⋯⋯⋯⋯⋯⋯ 218

7.5　课后练习 ⋯⋯⋯⋯⋯⋯⋯⋯⋯⋯⋯⋯⋯⋯⋯⋯⋯⋯⋯⋯⋯ 222

第8章　位图滤镜特效与透镜效果的使用 ⋯⋯⋯⋯⋯⋯⋯⋯ 223

8.1　光盘盘面设计 ⋯⋯⋯⋯⋯⋯⋯⋯⋯⋯⋯⋯⋯⋯⋯⋯⋯⋯⋯ 223

8.2　半透明裁剪按钮设计 ⋯⋯⋯⋯⋯⋯⋯⋯⋯⋯⋯⋯⋯⋯⋯⋯ 226

8.3　宣传折页设计 ⋯⋯⋯⋯⋯⋯⋯⋯⋯⋯⋯⋯⋯⋯⋯⋯⋯⋯⋯ 233

8.4　课后练习 ⋯⋯⋯⋯⋯⋯⋯⋯⋯⋯⋯⋯⋯⋯⋯⋯⋯⋯⋯⋯⋯ 244

第3部分　综 合 实 例 演 练

第9章　综合实例 ⋯⋯⋯⋯⋯⋯⋯⋯⋯⋯⋯⋯⋯⋯⋯⋯⋯⋯⋯⋯ 246

9.1　手提纸袋设计 ⋯⋯⋯⋯⋯⋯⋯⋯⋯⋯⋯⋯⋯⋯⋯⋯⋯⋯⋯ 246

9.2　电脑图书封面及光盘盘封设计 ⋯⋯⋯⋯⋯⋯⋯⋯⋯⋯⋯ 256

9.3　时尚卡通T恤衫设计 ⋯⋯⋯⋯⋯⋯⋯⋯⋯⋯⋯⋯⋯⋯⋯⋯ 269

9.4　方便面碗面包装设计 ⋯⋯⋯⋯⋯⋯⋯⋯⋯⋯⋯⋯⋯⋯⋯⋯ 282

9.5　运动风格的标志设计 ⋯⋯⋯⋯⋯⋯⋯⋯⋯⋯⋯⋯⋯⋯⋯⋯ 294

9.6　化妆瓶设计 ⋯⋯⋯⋯⋯⋯⋯⋯⋯⋯⋯⋯⋯⋯⋯⋯⋯⋯⋯⋯ 303

9.7　课后练习 ⋯⋯⋯⋯⋯⋯⋯⋯⋯⋯⋯⋯⋯⋯⋯⋯⋯⋯⋯⋯⋯ 312

第 1 部分　基础入门

- 第 1 章　CorelDRAW X4 基础知识
- 第 2 章　CorelDRAW X4 新增功能

第1章　CorelDRAW X4 基础知识

本章重点：

本章将学习 CorelDRAW X4 基本操作方面的相关知识，通过本章学习应掌握以下内容：
- 掌握 CorelDRAW X4 的工作界面的组成
- 掌握文件的基本操作和页面的基本设置方法
- 掌握标准对象的创建与操作方法
- 掌握直线和曲线的绘制与编辑方法
- 掌握轮廓线编辑与填充的方法
- 掌握文本的创建与编辑方法
- 掌握交互式工具的使用
- 掌握位图滤镜特效与透镜效果的使用

1.1 CorelDRAW X4 的工作界面

CorelDRAW X4 的工作界面由以下几个部分组成（如图 1-1 所示）。

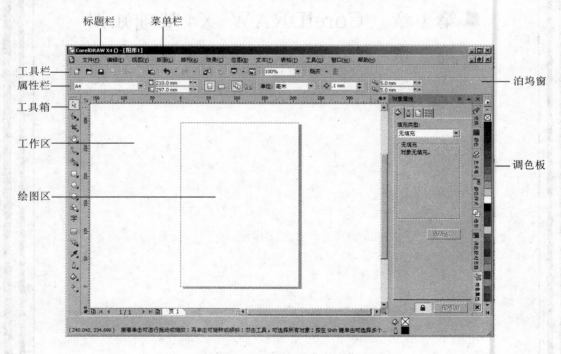

图 1-1　CorelDRAW X4 的工作界面

1. 标题栏

"标题栏"位于工作界面的顶部，用于显示 CorelDRAW X4 的应用程序名和当前编辑图形的文档名称。"菜单栏"的左侧是应用程序图标 ，单击该按钮可以在弹出的如图 1-2 所示的快捷菜单中进行还原、移动、大小、最小化、最大化、关闭和下一个等操作。标题栏的右侧为 （最小化）、 （关闭）、 （向下还原）或 （最大化）图标按钮，单击它们可以对程序窗口进行最小化、关闭、向下还原或最大化操作。

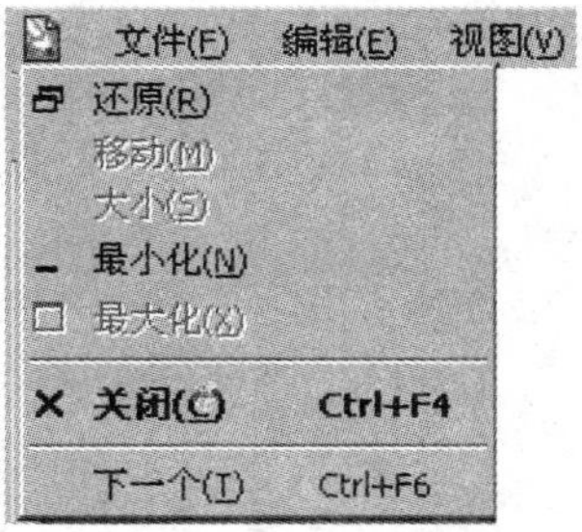

图 1-2　快捷菜单

2. 菜单栏

"菜单栏"包括 12 个菜单项，如图 1-3 所示。利用这些菜单可以进行图形编辑、视图管理、页面控制、对象管理、特效处理、位图编辑等操作。

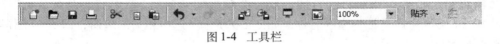

图 1-3　菜单栏

3. 工具栏

"工具栏"如图 1-4 所示。它包括在 CorelDRAW X4 中最常用的 （新建）、 （打开）、 （保存）、 （打印）、 （剪切）、 （复制）、 （粘贴）、 （撤销）、 （重做）、 （导入）、 （导出）、 （应用程序启动器）、 （Corel 在线）命令按钮，利用它们可以快速完成相关操作。

图 1-4　工具栏

4. 属性栏

在 CorelDRAW X4 工具箱中选取不同的工具，"属性栏"会随之进行改变。图 1-5 所示为选择工具箱中的 （挑选工具）后的属性栏。

图 1-5　 （挑选工具）属性栏

5. 工具箱

"工具箱"默认位于工作窗口的左侧，如图 1-6 所示。利用工具箱中的工具可以方便地绘制和编辑图形。

6. 工作区

"工作区"是工作时可显示的空间，如图 1-7 所示。当显示内容较多或进行多窗口显示时，可以通过滚动条进行调节，从而达到最佳效果。

7. 绘图区

"绘图区"是工作的主要区域，同时也是可打印区域，如图 1-8 所示。当建立多页面时，可以通过导航器来翻页。

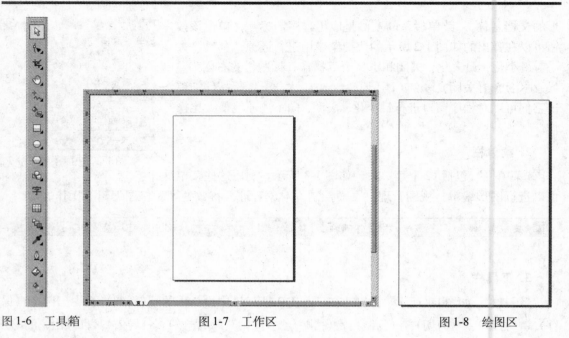

图 1-6　工具箱　　　　　　　图 1-7　工作区　　　　　　　图 1-8　绘图区

8. 泊坞窗

　　"泊坞窗"位于工作窗口的右侧。执行菜单中的"窗口 | 泊坞窗"命令，可以显示出 CorelDRAW X4 中所有泊坞窗的名称，如图 1-9 所示。选中相关泊坞窗，即可在工作区的右侧进行显示。

　　多个泊坞窗可以拼合在一起，如图 1-10 所示。单击相应的"泊坞窗"选项卡，即可在左侧显示与之相对应的"泊坞窗"；单击泊坞窗上方的 × 按钮，即可关闭泊坞窗组；单击泊坞窗上方的 ▶ 或 ▲ 按钮，可以隐藏泊坞窗。双击泊坞窗上方区域，可以将泊坞窗切换为浮动面板，如图 1-11 所示；再次双击泊坞窗上方区域，即可回到泊坞窗拼合状态。

图 1-9　所有泊坞窗的名称　　　图 1-10　拼合泊坞窗　　　　图 1-11　泊坞窗浮动面板

9．调色板

"调色板"位于工作窗口的最右侧。使用左键单击调色板中的颜色块可以方便地为对象设置填充色；使用右键单击调色板中的颜色块可以方便地为对象设置轮廓色。

CorelDRAW X4 包含 10 多种调色板，默认状态下使用的是 CMYK 调色板，如图 1-12 所示。执行菜单中的"窗口|调色板"命令，可以显示出 CorelDRAW X4 中所有调色板的名称，如图 1-13 所示。选中相关的调色板，即可在工作区的最右侧显示出选中的调色板。

单击调色板上方的 ⊙ 按钮，在弹出的如图 1-14 所示的快捷菜单中可以切换设置轮廓色或填充色等操作。单击调色板下方的 ◄ 按钮，可以展开调色板，结果如图 1-15 所示。在展开的调色板空白处双击鼠标，即可回到原状态。

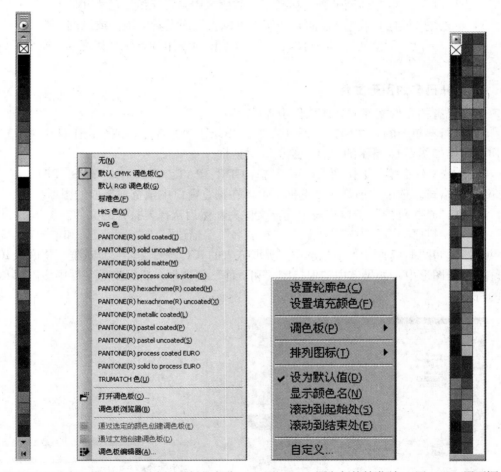

图 1-12　CMYK 调色板　图 1-13　所有调色板的名称　　图 1-14　调色板快捷菜单　　图 1-15　展开调色板

1.2　文件的基本操作

CorelDRAW X4 文件的基本操作包括新建、打开、导入、导出、保存、关闭图形文件。下面就来进行具体讲解。

1.2.1　新建和打开图形文件

在启动 CorelDRAW X4 后，新建或打开图形文件是进行设计的第 1 步。下面就来讲解新建和打开图形文件的方法。

1. 新建图形文件

新建图形文件的具体操作步骤如下：

1）执行菜单中的"文件 | 新建"（快捷键〈Ctrl+N〉）命令，或单击工具栏中的 ▣（新建）按钮，即可在工作区中新建一张空白的绘图纸，如图 1-7 所示。

2）在图 1-5 所示的属性栏 ▣A4 ▣（纸张类型 / 大小）下拉列表框中可以选择纸张的类型；也可以在 ▣210.0 mm / 297.0 mm ▣（纸张宽度和高度）数值框中自定义纸张的大小。

3）单击 ▭（横向）或 ▯（纵向）按钮，可以将页面设置为横向或纵向。

4）在"单位"下拉列表框中可以选择一种绘图时使用的单位，如毫米、厘米、点、像素等。

2. 打开已有的图形文件

打开已有的图形文件的具体操作步骤如下：

1）执行菜单中的"文件 | 打开"（快捷键〈Ctrl+O〉）命令，或单击工具栏中的 ▣（打开）按钮，弹出如图 1-16 所示的"打开绘图"对话框。

2）在"文件类型"下拉列表中可以选择 CDR、PAT、CLK、AI、EPS、PPT、PCT、SVG 等 30 多种格式。选中"预览"复选框，可以在预览窗口中预览到选取的图形。

3）在"查找范围"下拉列表中选择文件夹，然后选择要打开的文件。

4）在"排序类型"中有"默认"、"扩展名"、"描述"、"最近用过"和"向量" 5 个选项可供选择，如图 1-17 所示。如果选中"提取嵌入的 ICC 预置文件"复选框，将嵌入 ICC 描述文件到打开图形中；如果选中"保持图层和页面"复选框，将保持原文件中多图层和多个页面的特性。

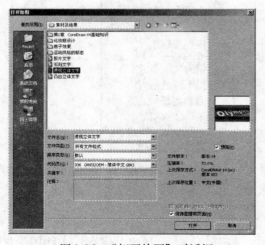
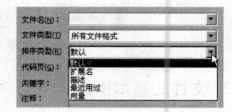

图 1-16　"打开绘图"对话框　　　　图 1-17　"排序类型"下拉列表

5）单击"打开"按钮，即可打开选择的图形文件。

1.2.2　导入和导出文件

在用 CorelDRAW X4 设计作品时，除了可以自己绘制图形外，还可以导入用其他绘图软件制作的图形图像文件，并可以将绘制好的文件导出到其他软件中进行处理。下面就来讲解导入和导出文件的方法。

1. 导入文件

导入文件就是将在 CorelDRAW X4 中不能直接打开的图形或图像文件，通过"导入"命令导入到工作区中。导入文件的具体操作步骤如下：

1）执行菜单中的"文件|导入"（快捷键〈Ctrl+I〉）命令，或单击工具栏中的 （导入）按钮，弹出如图 1-18 所示的"导入"对话框。

2）在"查找范围"下拉列表中选择要导入文件所在的位置，并选择要导入的图形或图像文件。在"文件类型"下拉列表中选择要导入的文件类型。

3）单击"导入"按钮，回到绘图页面，此时鼠标变为 形状。然后将鼠标移动到页面的适当位置单击，即可导入图像。

2. 导出文件

在 CorelDRAW X4 中绘制好图形后，可以根据需要将其应用于其他的软件中进行处理。导出文件的具体操作步骤如下：

1）执行菜单中的"文件|导出"（快捷键〈Ctrl+E〉）命令，或单击工具栏中的 （导出）按钮，弹出如图 1-19 所示的"导出"对话框。

图 1-18　"导入"对话框

图 1-19　"导出"对话框

2）在"保存在"下拉列表框中选择文件需要存储的位置，然后在"文件名"文本框中输入所要保存的文件名称，接着在"保存类型"下拉列表框中选择一种导出文件的类型，此时选择的是"TIF-TIFF Bitmap"。

3）单击"导出"按钮，在弹出的如图 1-20 所示的"转换为位图"对话框中设置导出文件的"图像大小"、"分辨率"和"颜色模式"，设置完成后单击"确定"按钮，即可导出文件。

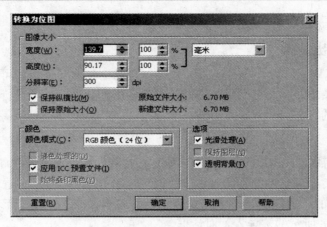

图 1-20 "转换为位图"对话框

1.2.3　保存和关闭图形文件

为了以后能够打印和编辑作品，在设计好作品后一定要先保存然后再关闭图形文件。下面就来具体讲解保存和关闭图形文件的方法。

1. 保存图形文件

保存文件的具体操作步骤如下：

1）执行菜单中的"文件 | 保存"（快捷键〈Ctrl+S〉）命令，或单击工具栏中的 ■（保存）按钮，弹出如图 1-21 所示的"保存绘图"对话框。

图 1-21 "保存绘图"对话框

2）在"保存在"下拉列表中选择文件所要保存的位置，并在"文件名"文本框中输入需保存的文件名称。

3）在"保存类型"下拉列表中可以选择不同的文件存放类型，系统默认的是 CDR，也可以选择其他文件类型，比如 AI。

4）在"版本"下拉列表中选择一种存储版本，单击"保存"按钮，即可保存当前工作区中的文件。

提示：这里需要注意的是,如果用 Version 14.0 版本保存文件,则此版本之前的软件打不开该图形文件。也就是说,高版本的 CorelDRAW 软件可以打开低版本的图形文件,而低版本的 CorelDRAW 软件打不开高版本的图形文件。

2. 另存为其他文件

"另存为"也是保存文件的一种方式,即在对文件保存后,再将其以另一个文件名进行保存,从而起到备份作用。执行菜单中的"文件|另存为"命令,即可完成此操作。

3. 关闭图形文件

关闭文件分为关闭单个文件和关闭全部文件两种情况。单击 (关闭) 按钮,即可关闭单个图形文件;执行菜单中的"文件|全部关闭"命令,可以关闭全部打开的图形文件。

1.3 页面的基本设置

CorelDRAW X4 页面的基本设置包括：设置页面的方向和大小,设置页面背景,插入、删除、重命名页面。下面就来进行具体讲解。

1.3.1 设置页面的方向和大小

设置页面的方向和大小有两种方法：一种是通过"选项"对话框;另一种是通过"属性"栏。下面分别进行讲解。

1. 通过"选项"对话框设置页面的方向和大小

通过"选项"对话框设置页面的方向和大小的具体操作步骤如下：

1) 执行菜单中的"工具|选项"命令,弹出"选项"对话框。然后在左侧选择"大小",此时在右侧会显示出页面大小相关属性,如图 1-22 所示。

提示：执行菜单中的"版面|页面设置"命令,也可调出"选项"对话框,并显示出页面大小的相关属性。

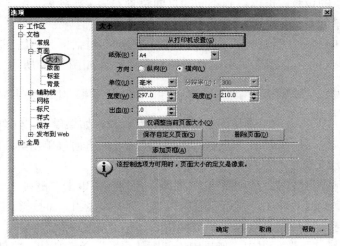

图 1-22 "大小"属性

2）单击"纵向"或"横向"单选项，可将页面方向设置为纵向或横向。

3）在"纸张"下拉列表中可以选择页面类型，在"宽度"和"高度"数值框中将显示出选择纸张的宽度和高度值。

4）选中"仅调整当前页面大小"复选框，页面设置只对本页有效；否则，将用于文档的所有页，在右侧的预览窗口中可以预览设置的效果。

5）在"出血"数值框中设置页面出血的宽度，设置完成后单击"确定"按钮，即可按设定的页面大小调整页面。

> 提示：在平面设计中，绘制页面中靠边界的矩形或其他对象时，要流出3mm"出血位置"，所谓"出血"，是指在画面的周围预留出印刷完毕之后裁切的余地，以免露出白边。

2．通过"属性"栏设置页面的方向和大小

通过"属性"栏设置页面的方向和大小的具体操作步骤如下：

1）在未选中任何对象的情况下，此时属性栏如图1-23所示。

图1-23 属性栏

2）单击 [A4] 列表框，可以选择页面的纸张类型。

3）在 [210.0 mm / 297.0 mm] 中输入相应数值可以改变纸张的宽度和高度。

4）激活 [口] 按钮，可以将页面方向设置为纵向；激活 [口] 按钮，可以将页面方向设置为横向。

5）激活 [🔲] 按钮，可以将当前页面大小和方向应用于所有页面；激活 [🔲] 按钮，则作用于当前页面。

1.3.2 设置页面背景

通过页面背景的设置，可以得到不同的页面背景效果，如纯色、位图等。通过"选项"对话框设置页面背景的具体操作步骤如下：

1）执行菜单中的"工具 | 选项"命令，弹出"选项"对话框。然后在左侧选择"文档 | 页面 | 背景"属性，此时在右侧会显示出背景的相关属性，如图1-24所示。

> 提示：执行菜单中的"版面 | 页面背景"命令，也可以调出"选项"对话框，并显示出背景的相关属性。

2）如果单击"无背景"单选按钮，将取消页面背景；如果单击"纯色"单选按钮，可以为背景选择一种颜色；如果单击"位图"单选按钮，可以再通过单击其右侧的"浏览"按钮，选择一幅图片作为背景。

3）在选择一幅图片作为背景后，在"来源"选项组中单击"链接"单选按钮，将以链接的方式导入图片，此时对源图片进行修改可以在图形编辑区中实时进行更新；如果单击"嵌入"单选按钮，导入图片将直接嵌入到文档中。

4）在"位图尺寸"选项组中，如果单击"默认尺寸"单选按钮，将使用位图来匹配页面的相同尺寸；如果单击"自定义尺寸"单选按钮，可以自定义图像的大小。

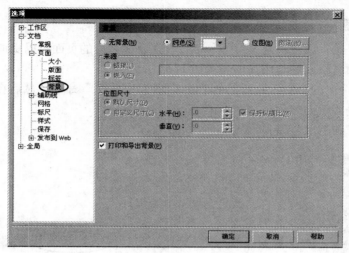

图 1-24　"背景"属性

5）如果选中"打印和导出背景"复选框，可以在导出或打印时包括背景图像。

6）设置完成后，单击"确定"按钮，即可看到设置后的背景效果。

1.3.3　插入页面

如果一个页面不够使用，可以通过"插入页"命令来增加一个或多个新页面。添加页面的具体操作步骤如下：

1）执行菜单中的"版面|插入页"命令，弹出如图 1-25 所示的"插入页面"对话框。

2）在"插入"数值框中输入要增加的页面数。

3）单击"前面"或"后面"单选按钮，从而确定新页面相对于当前页面的位置。

4）在"页"数值框中输入新的页面编号，可以改变相对应的页面编号。另外，还可以利用其他选项改变页面的方向和大小。

5）单击"确定"按钮，即可增加页面。增加页面前后的导航器显示效果如图 1-26 所示。

提示：在页面计数器中单击 📄 按钮，可以快速插入新页面。

图 1-25　"插入页面"对话框

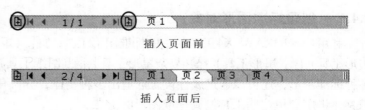

插入页面前

插入页面后

图 1-26　增加页面前后的导航器显示效果

1.3.4 重命名页面

重命名页面就是给页面重新定义一个名字。利用重命名后的页面可以更加轻松方便地找到所需的页面。重命名页面的具体操作步骤如下：

1）选择需要重命名的页面，执行菜单中的"版面 | 重命名"命令，然后在弹出的"重命名页面"对话框中输入页面名称，如图1-27所示。

2）单击"确定"按钮，即可重命名页面，如图1-28所示。

图1-27　输入名称　　　　　　　　　　　　　图1-28　重命名页面

1.3.5 删除页面

删除页面就是将一些不需要的页面从工作区中删除。删除页面的具体操作步骤如下：

1）执行菜单中的"版面 | 删除页面"命令，然后在弹出的"删除页面"对话框中输入要删除页面的页码，如图1-29所示。

2）单击"确定"按钮，即可删除该页面。删除页面前后的导航器显示效果如图1-30所示。

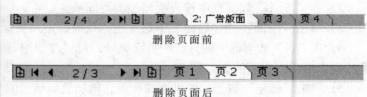

图1-29　输入要删除页面的页码　　　　　图1-30　删除页面前后的导航器显示效果

1.4 标准图形对象的创建与操作

在CorelDRAW X4中，可以十分方便地创建出许多标准图形对象，并可以对其进行选择、复制、变换和对齐等操作。

1.4.1 创建标准图形对象

利用CorelDRAW X4工具箱中的标准图形工具，如▢(矩形工具)、◯(椭圆工具)、◯(多边形工具)、☆(星形工具)、✿(复杂星形工具)、▦(图纸工具)、◉(螺纹工具)等可以绘制出各种标准图形，还可以通过属性设置创造出多种变体，如圆角矩形、拱形、饼形等。下面就来具体讲解利用这些工具绘制标准图形的方法。

1. 绘制矩形

绘制矩形的具体操作步骤如下：

1）选择工具箱中的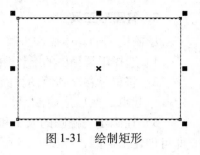（矩形工具）。

2）将鼠标移动到绘图页面中按住鼠标不放,从而确定矩形的一个端点。

3）沿矩形对角线的方向拖动鼠标,直到在页面上获得所需大小的矩形,然后释放鼠标进行确定,结果如图 1-31 所示。

图 1-31　绘制矩形

提示：绘制矩形时,按住键盘上的〈Ctrl〉键,可以绘制出正方形；按住键盘上的〈Shift〉键,可以绘制出以鼠标点击点为中心的矩形。

2. 绘制圆角矩形

绘制圆角矩形有如下两种方法：

● 绘制矩形后,在矩形属性栏中设置相应的边角圆滑度参数,如图 1-32 所示,即可绘制出圆角矩形,如图 1-33 所示。

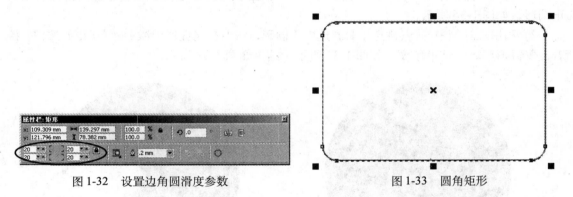

图 1-32　设置边角圆滑度参数　　　　　　图 1-33　圆角矩形

● 在绘制矩形后,利用工具箱中的（形状工具）拖动矩形的 4 个角的控制点,也可创建圆角矩形,如图 1-34 所示。

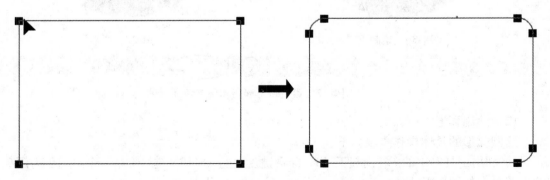

图 1-34　利用（形状工具）创建圆角矩形

3.椭圆形工具

绘制椭圆的具体操作步骤如下：

1）选择工具箱中的 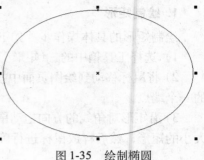（椭圆工具）。

2）将鼠标移动到绘图页面中按住鼠标不放，从而确定一个起点，然后拖动鼠标。

3）在确定了椭圆的大小和形状后，释放鼠标左键，即可创建出椭圆，如图1-35所示。

图1-35　绘制椭圆

提示：绘制椭圆时，按住键盘上的〈Ctrl〉键，可以绘制出正
　　　圆形；按住键盘上的〈Shift〉键，可以绘制出以鼠标点击点为中心的正圆形。

4．绘制饼形和圆弧

（1）绘制饼形

绘制饼形的具体操作步骤如下：

1）利用工具箱中的 （椭圆工具），配合键盘上的〈Shift〉键，绘制一个填充为深灰色的正圆形，如图1-36所示。

2）利用工具箱中的 （挑选工具）选中正圆形，然后在属性栏中激活 （饼形）按钮。接着设置饼形起始和结束角度，如图1-37所示，结果如图1-38所示。

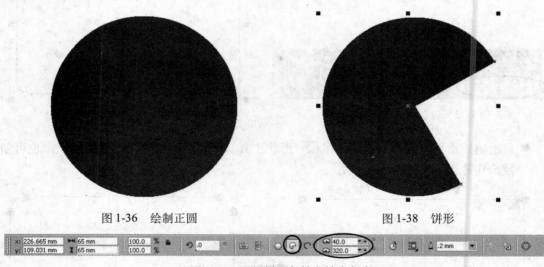

图1-36　绘制正圆　　　　　　　　　　　　图1-38　饼形

图1-37　设置饼形起始和结束角度

（2）绘制弧形

绘制弧形的具体操作步骤如下：

1）利用工具箱中的 （椭圆工具），配合键盘上的〈Shift〉键，绘制一个轮廓色为深灰色的正圆形，如图1-39所示。

2）利用工具箱中的 （挑选工具）选中正圆形，然后在属性栏中激活 （弧形）按钮。接着设置弧形起始和结束角度，如图1-40所示，结果如图1-41所示。

提示：在绘图区右侧调色板中选择一种颜色，然后单击右键，即可将该颜色指定给当前图形。

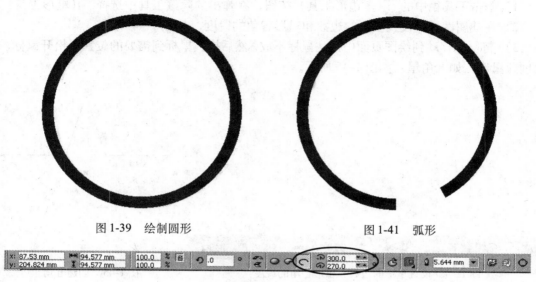

图 1-39　绘制圆形　　　　　　　　　　　　图 1-41　弧形

图 1-40　设置弧形起始和结束角度

5. 多边形工具

绘制多边形的具体操作步骤如下：

1）选择工具箱中的 ⬛（多边形工具），然后在其属性栏中设置多边形的边数，如图 1-42 所示。

2）将鼠标移动到绘图页面中按住鼠标不放，然后拖拽鼠标到需要的位置后松开鼠标，即可创建多边形，如五边形，如图 1-43 所示。

提示：在绘制多边形的过程中，按住键盘上的〈Ctrl〉键，可以绘制正多边形。

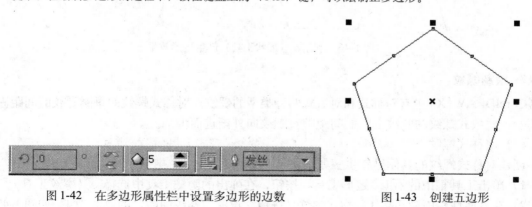

图 1-42　在多边形属性栏中设置多边形的边数　　　　图 1-43　创建五边形

3）在绘制多边形后，还可以在属性栏中对多边形的边数、比例、旋转角度等参数进行再次设置。

6. 绘制星形

绘制星形的具体操作步骤如下：

1）单击工具箱中的 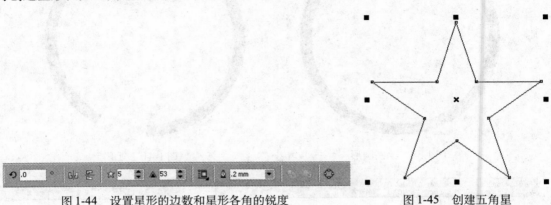 （多边形工具）按钮，在弹出的隐藏工具中选择 ☆（星形工具）。

2）在其属性栏中设置星形的边数和星形各角的锐度，如图1-44所示。

3）将鼠标移动到绘图页面中按住鼠标不放，然后拖拽鼠标到需要的位置后松开鼠标，即可创建星形，如五角星，如图1-45所示。

图1-44　设置星形的边数和星形各角的锐度　　　　图1-45　创建五角星

4）在绘制星形后，还可以在其属性栏中对星形的边数、各角的锐度和旋转角度等参数进行再次修改。

提示：利用工具箱中的 ✎（形状工具）对多边形的节点进行处理，也能产生星形效果，如图1-46所示。

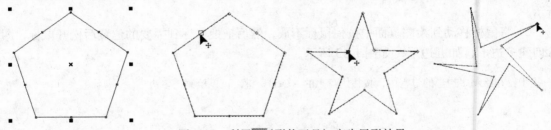

图1-46　利用 ✎（形状工具）产生星形效果

7. 绘制螺纹

CorelDRAW X4中有对称式和对数式两种类型的螺纹。对称式螺纹的每圈螺纹的间距固定不变；对数式螺纹的螺纹之间的间距随着螺纹向外渐进而增加。

（1）对称式螺纹

创建对称式螺纹的具体操作步骤如下：

1）单击工具箱中的 ⬡（多边形工具）按钮，在弹出的隐藏工具中选择 ◉（螺纹工具）。

2）在其属性栏中激活 ◉（对称式螺纹）按钮，设置"螺纹回圈"的数值为4，如图1-47所示。

3）将鼠标移动到绘图页面中按住鼠标不放，然后拖拽鼠标到需要的位置后松开鼠标，即可创建对称式螺纹，如图1-48所示。

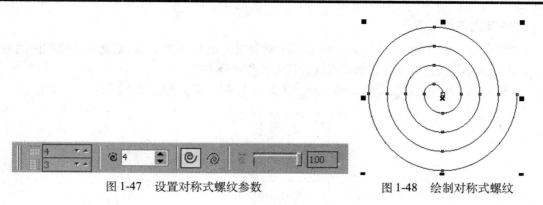

图 1-47　设置对称式螺纹参数　　　　　　图 1-48　绘制对称式螺纹

（2）对数式螺纹

创建对数式螺纹的具体操作步骤如下：

1）单击工具箱中的 (多边形工具) 按钮，在弹出的隐藏工具中选择 (螺纹工具)。

2）在其属性栏中激活 (对数式螺纹) 按钮，设置"螺纹回圈"的数值为 4，如图 1-49 所示。

3）将鼠标移动到绘图页面中按住鼠标不放，然后拖拽鼠标到需要的位置后松开鼠标，即可创建对数式螺纹，如图 1-50 所示。

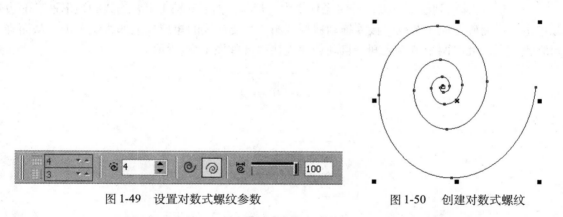

图 1-49　设置对数式螺纹参数　　　　　　图 1-50　创建对数式螺纹

提示：框用于设定螺纹的扩展参数，数值越小，螺纹向外扩展的幅度会逐渐变小，当数值为 1 时，绘制出的将是对称式螺纹。图 1-51 为不同扩展数值的效果比较。

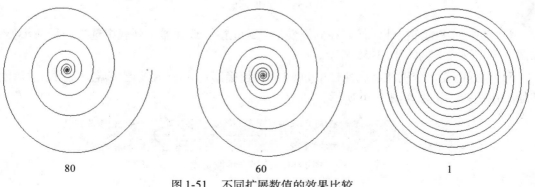

80　　　　　　　　　　　　　60　　　　　　　　　　　　　1

图 1-51　不同扩展数值的效果比较

8. 交互式连线工具

利用 可以快速在两个对象之间创建连接线，从而制作出流程图的效果。使用 创建连线的具体操作步骤如下：

1）利用工具箱中的 和 ，制作如图1-52所示的示意图。

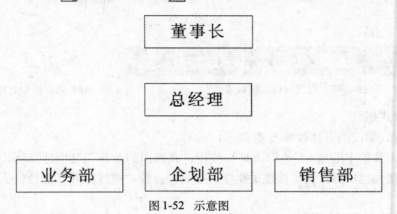

图1-52　示意图

2）单击工具箱中的 按钮，在弹出的隐藏工具中选择 。

3）将鼠标移动到绘图页面，此时光标变为 ![] 形状。然后在第1个要连线的矩形框下部边缘单击，从而确定起始节点。接着拖动鼠标到第2个要连线的矩形框上部边缘单击，从而确定终止节点。此时两个节点之间会自动创建连接线，如图1-53所示。

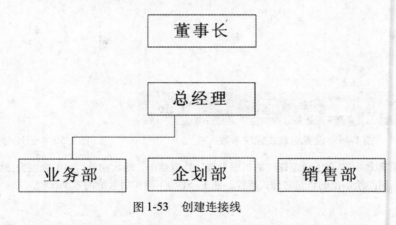

图1-53　创建连接线

4）选中创建的连接线，然后在其属性栏"终止箭头选择器"列表中选择一种箭头类型，如图1-54所示，结果如图1-55所示。

5）根据需要，分别激活属性栏中的 或 按钮，然后创建其他的连接线，结果如图1-56所示。

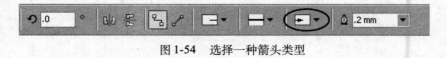

图1-54　选择一种箭头类型

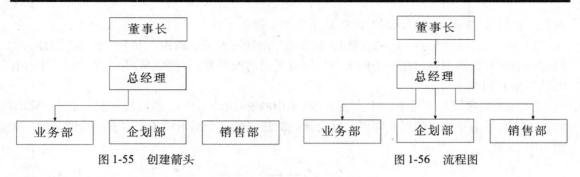

图 1-55　创建箭头　　　　　　　　　　　　　图 1-56　流程图

9. 度量工具

利用 ▣(度量工具) 可以快速测量出某一线段的长度。使用 ▣(度量工具) 进行测量的具体操作步骤如下:

1) 利用工具箱中的 ▣(多边形工具) 创建一个五边形,如图 1-57 所示。

2) 单击工具箱中的 ▣(手绘工具) 按钮,在弹出的隐藏工具中选择 ▣(度量工具)。

3) 在其属性栏中单击 ▣(水平度量) 按钮,如图 1-58 所示,然后分别在要测量的水平的两个节点之间单击,从而度量出水平的两个节点之间的距离;在其属性栏中单击 ▣(倾斜度量) 按钮,然后分别在要测量的倾斜的两个节点之间单击,从而度量出倾斜的两个节点之间的距离,如图 1-59 所示。

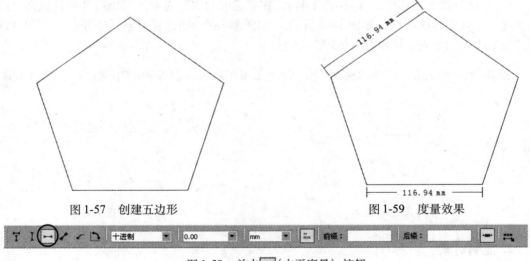

图 1-57　创建五边形　　　　　　　　　　　　图 1-59　度量效果

图 1-58　单击 ▣(水平度量) 按钮

1.4.2　对象的基本操作

在创建了图形对象后,通常要对其进行选择、复制、变换、群组和对齐等操作。下面就来具体讲解对创建的对象进行相关操作的方法。

1. 选择对象

CorelDRAW X4 提供了多种选择对象的方法,其中最常用的是使用 ▣(挑选工具) 选择对象。利用 (挑选工具) 选择对象的具体操作步骤如下：

1）选择工具箱中的 (挑选工具)，在要选取的图形对象上单击，即可选取单个对象。此时被选中的对象周围会出现一个由 8 个控制点组成的圈选框，对象中心有一个 × 形的中心标记，如图 1-60 所示。

2）如果要选取多个对象，可以选择工具箱中的 (挑选工具)，然后按住键盘上的〈Shift〉键，再依次单击要选择的对象即可。此时被同时选择的多个图形对象会共有一个圈选框，如图 1-61 所示。

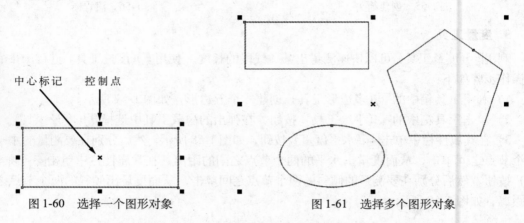

图 1-60　选择一个图形对象　　　　　　图 1-61　选择多个图形对象

3）此外利用工具箱中的 (挑选工具)，在要选取的图形对象外围单击并拖拽鼠标，此时会出现一个蓝色的虚线框，如图 1-62 所示。当圈选框完全圈选住对象后松开鼠标，即可选中圈选范围内的图形对象，如图 1-63 所示。

提示：如果要取消图形对象的选择状态，可以在绘图页面的其他位置单击或按键盘上的〈Esc〉键即可。

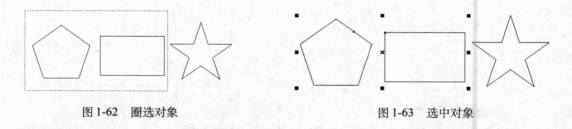

图 1-62　圈选对象　　　　　　　　　　图 1-63　选中对象

2. 复制对象

CorelDRAW X4 提供了多种选择对象的方法，其中最常用的是使用 (挑选工具) 复制对象。利用工具箱中的 (挑选工具) 复制对象的具体操作步骤如下：

1）利用 (挑选工具) 选取对象。

2）将其拖拽到适当位置后单击右键，此时光标变为 形状，松开鼠标即可复制对象。

提示：选中要复制的对象，按小键盘上的〈+〉键，可在原地复制一个对象。

3．变换对象

变换对象包括移动、旋转、缩放、镜像、倾斜操作。

（1）移动对象

利用 ▨（挑选工具）移动对象的具体操作步骤如下：

1）利用工具箱中的 ▨（挑选工具）选中要移动的对象，此时鼠标变为 ✛ 形状。然后即可将对象移动到适当位置。

2）如果要进行精确定位对象的位置，可以利用工具箱中的 ▨（挑选工具）选中要移动的对象，然后在属性栏的 ▨ 中输入选中图形的中心点坐标，即可将图形对象定位在指定位置。

> 提示：选择工具箱中的 ▨（挑选工具）后不选取任何对象，此时属性栏如图1-64所示。然后在 ✛ 2.54 mm 框中设置每次微调移动的距离。接着选择要移动的对象，利用键盘上的方向键，可以按设置的微调值移动对象。

图1-64　属性栏

（2）旋转对象

利用 ▨（挑选工具）旋转对象的具体操作步骤如下：

1）在绘图页面中，利用工具箱中的 ▨（挑选工具）双击要旋转的对象，进入旋转状态，如图1-65所示。

2）移动 ⊙ 点可以改变旋转中心点的位置。将鼠标移动到要旋转对象的4个角的任意一个旋转控制点上，此时光标变为 ↻ 形状，即可旋转对象。此时将出现一个虚线框来指示旋转的角度，如图1-66所示。

图1-65　进入旋转状态

图1-66　出现一个虚线框来指示旋转的角度

3）旋转完毕后，松开鼠标左键，即可完成旋转，如图1-67所示。

> 提示：利用工具箱中的 ▨（挑选工具）选择要旋转的对象。然后在属性栏 ⟳ 框中输入要旋转的角度，再按键盘上的〈Enter〉键也可旋转对象。

图1-67　旋转后的效果

（3）缩放对象

利用　（挑选工具）缩放对象的具体操作步骤如下：

1）在绘图页面中，利用工具箱中的　（挑选工具）选中要进行缩放的对象，如图1-68所示。

2）将鼠标移动到要缩放的对象的任意一个角的控制点上，此时光标变为双向箭头形状，然后拖动鼠标，即可等比例缩放对象。

3）缩放完毕后，松开鼠标左键，即可完成缩放，如图1-69所示。

提示：在缩放对象的同时，按住键盘上的〈Alt〉键，可非等比例缩放对象。

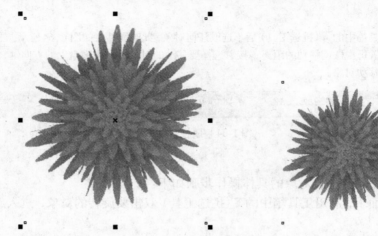

图1-68　选中对象　　　　　　　　　　图1-69　等比例缩放对象

（4）镜像对象

利用　（挑选工具）镜像对象的具体操作步骤如下：

1）在绘图页面中，利用工具箱中的　（挑选工具）选中要进行镜像的对象，如图1-70所示。

2）按住键盘上的〈Ctrl〉键，利用鼠标直接拖拽左边或右边中间的控制点到相对的边，可以镜像出保持原对象比例的水平镜像对象，如图1-71所示。

3）按住键盘上的〈Ctrl〉键，利用鼠标直接拖拽上边或下边中间的控制点到相对的边，可以镜像出保持原对象比例的垂直镜像对象，如图1-72所示。

图1-70　选中对象　　　　图1-71　水平镜像效果　　　　图1-72　垂直镜像效果

（5）倾斜对象

利用 （挑选工具）倾斜对象的具体操作步骤如下：

1）在绘图页面中，利用工具箱中的 （挑选工具）双击要倾斜的对象，此时对象4条边的中点会出现 和 控制点，如图1-73所示。

图1-73　进入倾斜状态

2）将鼠标移动到要倾斜的对象的 控制点上，此时光标变为 形状，然后上下拖拽鼠标，即可沿垂直方向倾斜对象，如图1-74所示。

3）将鼠标移动到要倾斜的对象的 控制点上，此时光标变为 形状，然后左右拖拽鼠标，即可沿水平方向倾斜对象，如图1-75所示。

图1-74　沿垂直方向倾斜对象　　　　　　　图1-75　沿水平方向倾斜对象

提示：利用图1-76中所示的"变换"泊坞窗，可以对对象进行变换的相关精确操作。

4. 锁定与解除锁定对象

在CorelDRAW X4中绘图时，为了防止对某些对象的误操作，可以在绘图页面上锁定单个或多个对象。对象被锁定后，无法对其进行移动、缩放、复制、填充等操作。此外，还可以根据需要解除对象的锁定。

（1）锁定对象

锁定对象的具体操作步骤如下：

1）利用工具箱中的 （挑选工具）选择要锁定的对象，如图1-77所示。如果要锁定多个对象，可以按住键盘上的〈Shift〉键依次单击要锁定的对象。

2）执行菜单中的"排列|锁定对象"命令，即可锁定对象，此时被锁定的对象四周会出现8个 （锁定）标记，如图1-78所示。

（2）解除锁定对象

解除锁定对象的具体操作步骤如下：

1）利用工具箱中的 （挑选工具）选择要解除的对象。

2）执行菜单中的"排列|解除锁定对象"命令，即可解除所选对象的锁定。如果要解除多个对象的锁定，可以执行菜单中的"排列|解除全部对象"命令，即可解除全部对象的锁定。

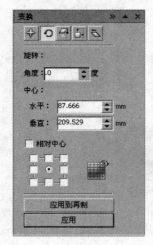

图1-76 "变换"泊坞窗　　　图1-77 选择要锁定的对象　　　图1-78 锁定后效果

5. 群组对象与取消群组

群组对象是指将多个复杂的对象组合为一个单一的对象，利用群组对象可以更加方便地对某一类对象进行操作。此外，群组后地对象也可以很容易地取消群组，回到初始状态。

（1）群组对象

群组对象的具体操作步骤如下：

1）利用工具箱中的 (挑选工具)，配合键盘上的〈Shift〉键依次单击要群组的对象。

2）执行菜单中的"排列|群组"命令，或单击属性栏中的 (群组)按钮，即可对选择的对象执行群组操作。

（2）取消群组

取消群组对象的具体操作步骤如下：

1）利用工具箱中的 (挑选工具)，选择需要取消群组的对象。

2）执行菜单中的"排列|取消群组"命令，或单击属性栏中的 (取消群组)按钮，即可对选择的对象执行解除群组操作。

3）如果要取消嵌套群组（即包含群组的群组），可以执行菜单中的"排列|取消全部群组"命令，或单击属性栏中的 (取消全部群组)按钮，即可对选择的对象执行解除群组操作。

6. 结合与拆分对象

在CorelDRAW X4中提供了能够将多个对象组合成一个新的图形对象的命令，如"结合"、"焊接"、"修剪"、"相交"、"简化"等。这里主要讲解"结合"命令，对于其他命令请参见"1.5.6 重新整形图形"。利用"结合"命令可以将多个对象组合为一个整体。如果原始对象是彼此重叠的，则重叠区域将被移除，并以剪切洞的形式存在，其下面的对象将不被遮盖。此外，还可以根据需要将结合后的对象进行拆分。

（1）对象的结合

结合对象是指将两个或两个以上的对象作为一个整体进行编辑，同时轮廓又保持相对的独立，结合后的对象以最后选取的对象的属性作为结合后对象的属性，对象相交部分会以反白进行显示。结合对象的具体操作步骤如下：

1）利用工具箱中的 ▤（挑选工具），选中需要结合的多个对象，如图 1-79 所示。

2）执行菜单中的"排列|结合"命令，或单击属性栏中的 ▤（结合）按钮，即可对选择的对象执行结合操作，结果如图 1-80 所示。

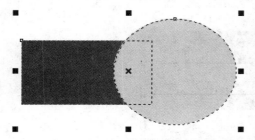

图 1-79　选中要结合的对象

图 1-80　结合后的效果

（2）结合对象的拆分

利用"拆分"命令可以将一个已经结合的对象拆分成多个对象。拆分后的对象将保留结合对象的属性，但相交部分不再以反白显示。对结合对象进行拆分的具体操作步骤如下：

1）利用工具箱中的 ▤（挑选工具），选中需要拆分的对象，如图 1-79 所示。

2）执行菜单中的"排列|拆分"命令，或单击属性栏中的 ▤（拆分）按钮，即可对选择的对象执行拆分操作，结果如图 1-81 所示。

7. 安排对象的顺序

在 CorelDRAW X4 中，一个作品通常是由一系列互相堆叠的图形对象组成的，这些对象的排列顺序决定了图形的外观。默认情况下先绘制的对象位于下方，后绘制的对象位于上方。但可以根据需要，利用图 1-82 所示的"排列|顺序"菜单中的相关命令，在绘制后重新调整对象的排列顺序。

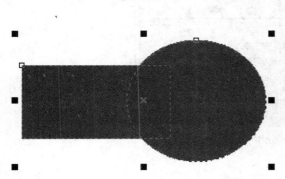

图 1-81　结合对象的拆分效果

图 1-82　"顺序"菜单中的相关命令

8. 对齐与分布对象

在实际绘图中，对于任何类型的图形绘制来说，对齐与分布都是非常重要的命令,因为在大多数情况下，使用手动移动对象很难达到对齐与分布对象的目的。

在CorelDRAW X4中使用"对齐与分布"对话框，可以指定对象的多种对齐和分布方式。

（1）对齐对象

执行菜单中的"排列|对齐和分布|对齐和属性"命令，在弹出的"对齐与分布"对话框中选择"对齐"选项卡，如图1-83所示。在该对话框中提供了用于对齐任何选择对象的所有方式。

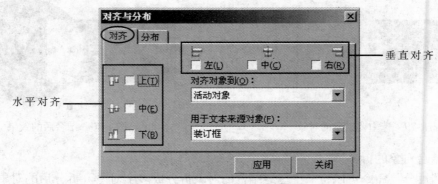

图1-83 "对齐"选项卡

（2）分布对象

在绘图时，对绘图中的多个对象有时需要使之按某种方式匀称分布（如以等间距来放置对象），从而使绘图具有精美、专业的外观。

执行菜单中的"排列|对齐和分布|对齐和属性"命令，在弹出的"对齐与分布"对话框中选择"分布"选项卡，如图1-84所示。在该对话框中提供了用于分布任何选择对象的所有方式。

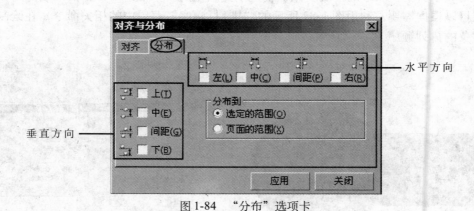

图1-84 "分布"选项卡

1.5 直线和曲线的绘制与编辑

在CorelDRAW X4中可以绘制各种直线和曲线，并可以对其进行编辑。

1.5.1 直线和曲线的绘制

在CorelDRAW X4中可以利用工具箱中的 (手绘工具)、 (贝塞尔工具)、 (艺术笔工具）、（钢笔工具）、（3点曲线工具）和（折线工具）等多种工具绘制线段和曲线，下面就来具体讲解。

1. 使用手绘工具

使用工具箱中的（手绘工具）可以非常方便地绘制出直线段、简单的曲线段以及直线和曲线的混合图形。

（1）绘制线段及曲线

使用（手绘工具）绘制线段及曲线的具体操作步骤如下：

1）选择工具箱中的（手绘工具）。

2）绘制线段。方法：将鼠标移动到绘图区，此时光标变为十字且右下方带一短曲线的形状。然后在绘图页面的合适位置单击，从而确定线段的第1个点。接着拖动鼠标，在线段结束的位置单击，确定结束点。此时在起点和终点之间会产生一条线段，如图1-85所示。

3）绘制曲线。方法：在绘图页面的合适位置单击鼠标，从而确定曲线的第1个点。然后按住左键并拖动到适当位置后释放鼠标，即可绘制出一条曲线，如图1-86所示。

提示：单击（手绘工具）属性栏中的（自动闭合曲线）按钮，可以封闭开放的曲线。

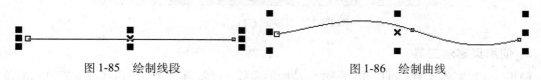

　　图1-85　绘制线段　　　　　　　　　　　图1-86　绘制曲线

（2）绘制带箭头的线段和曲线

使用（手绘工具）绘制带箭头线段及曲线的具体操作步骤如下：

1）选择工具箱中的（手绘工具）。

2）绘制带箭头的线段。方法：在其属性栏中设置线段起始和终止箭头的样式，如图1-87所示。然后将鼠标移动到绘图区，此时光标变为形状。接着在绘图页面的合适位置单击，从而确定线段的第1个点。接着拖动鼠标，在线段结束的位置单击，确定结束点。此时在起点和终点之间会产生一条带箭头线段，如图1-88所示。

3）绘制带箭头的曲线。方法：其属性栏中设置线段起始和终止箭头的样式，然后将光标移动到绘图页面，此时光标变为十字且右下方带一短曲线的形状。接着按住鼠标左键不放并拖动鼠标，就会在鼠标经过的区域绘制一条带箭头的曲线，如图1-89所示。

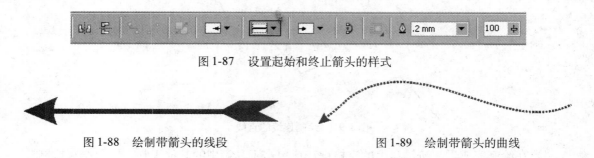

图1-87　设置起始和终止箭头的样式

　　图1-88　绘制带箭头的线段　　　　　　　图1-89　绘制带箭头的曲线

（3）设置手绘工具属性

在 CorelDRAW X4 中可以根据不同的情况在"选项"对话框中设定手绘工具的属性，从而提高工作效率。执行菜单中的"工具 | 选项"命令，调出"选项"对话框，然后在左侧选择"手绘 / 贝塞尔工具"，即可在右侧设置手绘工具的相关属性，如图 1-90 所示。

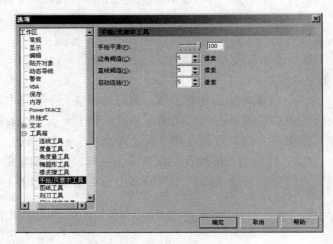

图 1-90　"选项"对话框

2．使用贝塞尔工具

使用 ![图标]（贝塞尔工具）可以绘制平滑、精确的曲线。可以通过确定节点和改变控制点的位置来控制曲线的弯曲度，从而绘制出精美的图形。

（1）绘制直线

使用 ![图标]（贝塞尔工具）绘制直线的具体操作步骤如下：

1）单击工具箱中的 ![图标]（手绘工具）按钮，在弹出的隐藏工具中选择 ![图标]（贝塞尔工具）。

2）将鼠标移动到绘图页面，此时光标变为 ![图标] 形状。然后在绘图页面的适当位置单击，从而确定第 1 个节点。接着将鼠标移动到下一个节点位置单击，即可在两个节点之间创建一条直线。

3）重复上次操作，可以绘制出连续的直线，如图 1-91 所示。

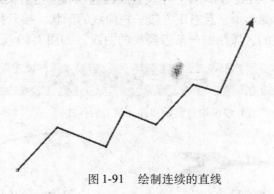

图 1-91　绘制连续的直线

4）在绘制完成后，按键盘上的空格键，或单击工具箱中的其他工具，即可结束绘制。

（2）绘制曲线

使用 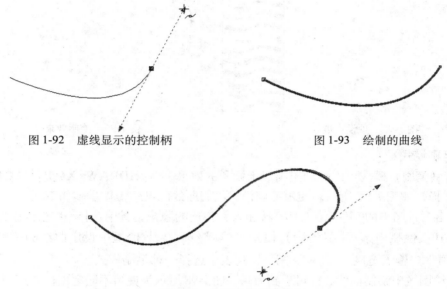（贝塞尔工具）绘制曲线的具体操作步骤如下：

1）单击工具箱中的（手绘工具）按钮，在弹出的隐藏工具中选择（贝塞尔工具）。

2）将鼠标移动到绘图页面，此时光标变为形状。然后在绘图页面的适当位置单击，从而确定第 1 个节点。接着将鼠标移动到下一个节点位置单击并拖动鼠标，此时会出现一条虚线显示的控制柄，如图 1-92 所示，当拉长控制柄或者向不同的方向拖动控制柄时，绘制的曲线的形状是不同的。松开鼠标，即会产生一条曲线，如图 1-93 所示。

3）重复上述操作，可以绘制出连续的曲线，如图 1-94 所示。

图 1-92　虚线显示的控制柄　　　　　图 1-93　绘制的曲线

图 1-94　绘制连续的曲线

4）在绘制完成后，按键盘上的空格键，或单击工具箱中的其他工具，即可结束绘制。

3．使用艺术笔工具

在 CorelDRAW X4 中，使用（艺术笔工具）可以模拟画笔的真实效果，绘制出多种精美的线条和图形，完成不同风格的设计作品。艺术笔工具属性栏中包括（预设）、（笔刷）、（喷罐）、（书法）和（压力）5 种模式，下面就来具体讲解利用这 5 种模式绘制曲线的方法。

（1）预设模式

利用（预设）模式可以绘制根据预设形状而改变粗细的曲线。CorelDRAW X4 提供了 23 种预设线条样式可供选择，如图 1-95 所示。使用预设模式绘制曲线的具体操作步骤如下：

1）单击工具箱中的（手绘工具）按钮，在弹出的隐藏工具中选择（艺术笔工具）。

2）在其属性栏中选择（预设）模式，然后在数值框中设定曲线的平滑度；在数值框中输入宽度；在下拉列表框中选择一种线条形状。

3）在绘图区中绘制曲线，结果如图 1-96 所示。

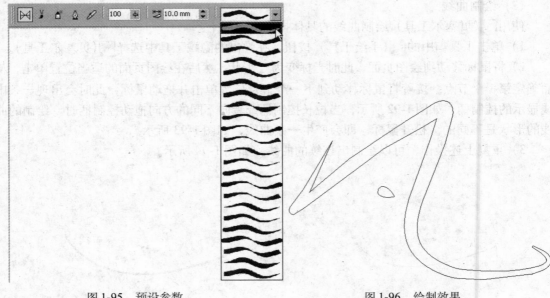

图 1-95　预设参数　　　　　　　　　　图 1-96　绘制效果

（2）笔刷模式

利用 [笔] （笔刷）模式可以绘制出类似于刷子的效果。CorelDRAW X4 提供了 24 种笔刷样式可供选择，如图 1-97 所示。使用笔刷模式绘制曲线的具体操作步骤如下：

1）单击工具箱中的 [手绘工具] （手绘工具）按钮，在弹出的隐藏工具中选择 [艺术笔工具] （艺术笔工具）。

2）在其属性栏中选择 [笔] （笔刷）模式，然后在 [100] 数值框中设定曲线的平滑度；在 [10.0 mm] 数值框中输入宽度；在 [下拉列表] 下拉列表中选择一种笔刷样式。

3）在绘图区中绘制曲线，即可看到效果。图 1-98 所示为使用不同笔刷样式绘制的效果。

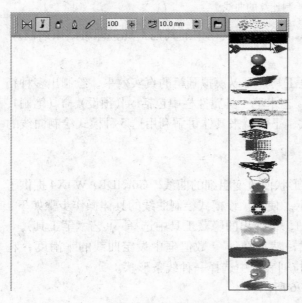

图 1-97　设置笔刷参数

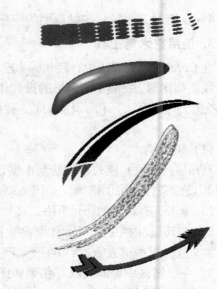

图 1-98　不同笔刷样式的绘制效果

（3）喷罐模式

利用 （喷罐）模式可以绘制出类似于刷子的效果。CorelDRAW X4 提供了 27 种喷罐样式可供选择，如图 1-99 所示。使用喷罐模式绘制曲线的具体操作步骤如下：

1）单击工具箱中的 （手绘工具）按钮，在弹出的隐藏工具中选择 （艺术笔工具）。

图 1-99　喷罐模式属性栏

2）在其属性栏中选择 （喷罐）模式，然后在 数值框中设定曲线的平滑度；在 数值框中输入喷涂对象的大小；在 下拉列表中选择一种喷罐样式。

3）在 下拉列表中选择一种喷出图形的顺序。如果选择"随机"，则喷出的图形将会随机分布；如果选择"顺序"，则喷出的图形将会按照一定顺序进行排列；如果选择"按方向"，则喷出的图形将会随鼠标拖拽的路径分布。

4）在 数值框中设置喷涂图形的间距。在上面的框中可以调整每个图形中的间距点的距离；在下面的框中可以调整各个对象之间的间距。

5）单击 （旋转）按钮，在弹出的如图 1-100 所示的设置框中可以设置喷涂图形的旋转角度。如果选择"基于路径"单选按钮，则喷涂图形将相对于鼠标拖拽的方向旋转；如果选择"基于页面"单选按钮，则喷涂图形将相对于绘图页面为基准旋转。

6）单击 （偏移）按钮，在弹出的如图 1-101 所示的设置框中可以设置喷涂图形的偏移角度。如果选中"使用偏移"复选框，喷涂图形将以路径为基准进行偏移；如果未选中"使用偏移"复选框，喷涂图形将沿路径分布，而不发生偏移。

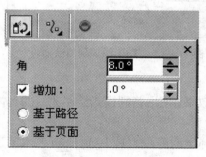

图 1-100　旋转设置框

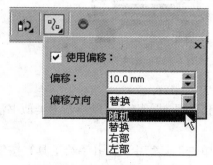

图 1-101　偏移设置框

7）设置完毕后，在绘图区中绘制曲线，即可看到效果。图 1-102 所示为使用不同喷罐样式绘制的效果。

提示：如果要将绘图区中的图形添加到喷涂列表中，可以选择要添加到喷涂列表中的图形，如图 1-103 所示。然后单击属性栏中的 （添加到喷涂列表）按钮后再单击 （喷涂列表对话框）按钮，接着在弹出的"创建播放列表"对话框中单击"添加"按钮，即可将选择的图形添加到喷涂列表中，如图 1-104 所示。

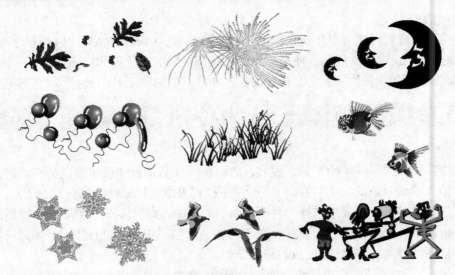

图 1-102　不同喷罐样式的绘制效果

图 1-103　选中图形

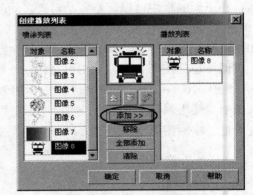

图 1-104　将图形添加到喷涂列表

（4）书法模式

利用 ⬚（书法）模式可以绘制出类似书法笔的效果。使用笔刷模式绘制曲线的具体操作步骤如下：

1）单击工具箱中的 ⬚（手绘工具）按钮，在弹出的隐藏工具中选择 ⬚（艺术笔工具）。

2）在其属性栏中选择 ⬚（书法）模式，如图 1-105 所示。然后在 ⬚ 数值框中设定曲线的平滑度；在 ⬚ 数值框中输入宽度；在 ⬚ 数值框中输入书法笔尖的角度。

图 1-105　⬚（书法）模式属性栏

3）在绘图区中绘制曲线，即可看到效果。图 1-106 所示为使用不同书法笔尖的角度绘制的效果。

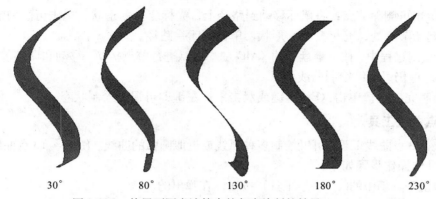

30°   80°   130°   180°   230°

图 1-106 使用不同书法笔尖的角度绘制的效果

（5）压力模式

利用 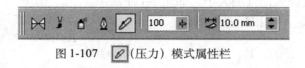（压力）模式可以通过压力感应笔或键盘输入的方式改变线条的粗细。其属性栏如图 1-107 所示。

图 1-107 （压力）模式属性栏

4．使用钢笔工具

（钢笔工具）就像我们平时使用的钢笔一样，利用它可以绘制出不同的线段、曲线等图形。钢笔工具的操作类似于手绘工具，使用 （钢笔工具）绘制图形的具体操作步骤如下：

1）单击工具箱中的 （手绘工具）按钮，在弹出的隐藏工具中选择 （钢笔工具）。

2）将鼠标移动到绘图页面，此时光标变为 形状。然后在绘图页面的适当位置单击，从而确定第 1 个节点。接着将鼠标移动到下一个节点位置单击，即可在两个节点之间创建一条直线。重复上次操作，可以绘制出连续的直线，如图 1-108 所示。

3）单击并拖拽鼠标可绘制曲线，并可调节曲线的方向和曲率，如图 1-109 所示。

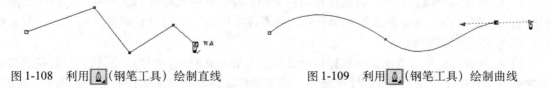

图 1-108 利用 （钢笔工具）绘制直线   图 1-109 利用 （钢笔工具）绘制曲线

4）在其属性栏中激活 （预览模式）按钮，如图 1-110 所示，将实时显示要绘制的曲线的形状和位置。

图 1-110 激活 （预览模式）按钮

5）在其属性栏中激活 （自动添加／删除）按钮，此时将鼠标移动到节点上，光标变为形状,单击可删除节点;将鼠标移动到路径上,光标变为 形状,单击可添加节点;将鼠标移动到起始节点处,光标变为 形状,单击可闭合路径。

6)在绘制过程中,按下键盘上的〈Alt〉键,可以进行节点转换、移动和调整节点等操作,释放〈Alt〉键仍可继续绘制曲线。

7)绘制完成后,单击〈Esc〉键或双击鼠标左键即可退出绘制状态。

5. 3点曲线工具

使用 (3点曲线工具)可以绘制多种弧线或近似圆弧的曲线。使用 (3点曲线工具)绘制曲线的具体操作步骤如下:

1)单击工具箱中的 (手绘工具)按钮,在弹出的隐藏工具中选择 (3点曲线工具)。

2)将鼠标移动到绘图页面,此时光标变为 形状。然后在绘图页面的适当位置单击,从而确定圆弧的起始点。接着拖拽出任意方向线段确定圆弧的终点后松开鼠标。再拖动鼠标确定圆弧曲度的大小,如图1-111所示。

3)绘制完成后,单击鼠标左键确认。

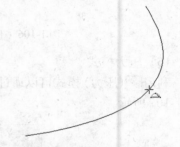

图1-111 拖动鼠标确定圆弧曲度的大小

提示:利用 (3点曲线工具)绘制弧线后,单击属性栏中
的 (自动闭合曲线)按钮,如图1-112所示,可闭合当前弧线。

图1-112 单击属性栏中的 (自动闭合曲线)按钮

6. 折线工具

利用 (折线工具)可以绘制出不同形状的多点折线或多点曲线。使用 (折线工具)绘制折线和曲线的具体操作步骤如下:

1)单击工具箱中的 (手绘工具)按钮,在弹出的隐藏工具中选择 (折线工具)。

2)绘制多点折线。方法:将鼠标移动到绘图页面,此时光标变为 形状。然后在绘图页面的适当位置单击,从而确定第1个节点。接着逐步单击,即可绘制出多点折线。绘制完成后,双击鼠标左键确认。

3)绘制多点曲线。方法:将鼠标移动到绘图页面,此时光标变为 形状。然后在绘图页面的适当位置单击,从而确定第1个节点。接着按住鼠标不放并拖动,即可绘制出多点折线。绘制完成后,双击鼠标左键确认。

1.5.2 编辑曲线

对绘制好的曲线可以进行添加和删除节点、更改节点属性等操作,从而得到所需效果。下面就来具体讲解编辑曲线对象的方法。

1. 添加和删除节点

添加或删除节点可以使绘制的曲线或图形更简洁、更准确、更完美。

（1）添加节点

在曲线上添加节点的方法有以下两种：

● 利用工具箱中的 (形状工具) 选择要添加节点的曲线，然后在曲线上要添加节点的位置双击，即可添加一个节点。

● 利用工具箱中的 (形状工具) 选择要添加节点的曲线，然后将鼠标放在曲线上要添加节点的位置上单击鼠标，接着在图 1-113 所示的属性栏中单击 (添加节点) 按钮，即可添加一个节点。

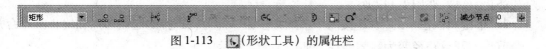

图 1-113　 (形状工具) 的属性栏

（2）删除节点

在曲线上删除节点的方法有以下两种：

● 利用工具箱中的 (形状工具) 在曲线上要删除节点的位置双击，即可删除该节点。

● 利用工具箱中的 (形状工具) 在曲线上要删除节点的位置上单击鼠标，然后在属性栏中单击 (删除节点) 按钮，即可删除一个节点。

2. 更改节点的属性

CorelDRAW X4 提供了尖突节点、平滑节点和对称节点 3 种节点类型。不同类型的节点决定了节点控制点的不同属性。

（1）尖突节点

尖突节点的控制点是独立的，当移动一个控制点时，另外一个控制点并不移动，从而使得通过尖突节点的曲线以较为尖突的锐角尖突，此类节点如图 1-114 所示。

（2）平滑节点

平滑节点的控制点之间是相关联的，当移动其中一个控制点时，相关联的另外一个控制点也会随之移动。使用平滑节点能够使穿过该节点的曲线的不同部分产生平滑的过渡，此类节点如图 1-115 所示。

（3）对称节点

对称节点的控制点不仅是相关的，而且控制点和控制线的长度是相等的。对称节点能够使穿过该节点的曲线对象在节点的两边产生相同的曲率，此类节点如图 1-116 所示。

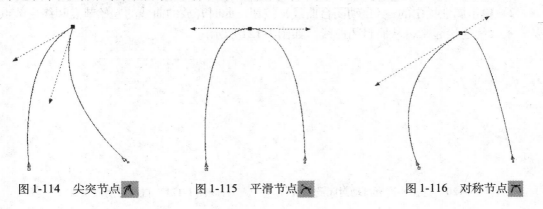

图 1-114　尖突节点　　　　　图 1-115　平滑节点　　　　　图 1-116　对称节点

3. 闭合和断开曲线

在CorelDRAW X4中对于非封闭路径是不能够应用任何一种填充的，如果想要对一个开放路径应用不同类型的填充，就必须对其进行封闭操作。在CorelDRAW X4中使用 (形状工具) 可以方便地闭合和断开曲线。

(1) 闭合曲线

闭合曲线的具体操作步骤如下：

1) 利用工具箱中的 (形状工具)，配合键盘上的〈Shift〉键，选择要连接的曲线起始节点和终止节点，如图1-117所示。

2) 单击属性栏中的 (连接两个节点) 按钮，即可将选择的起始节点和终止节点合并为一个节点，开放路径变为封闭路径，如图1-118所示。

(2) 断开曲线

断开曲线的具体操作步骤如下：

1) 利用工具箱中的 (形状工具) 选择曲线上要断开的节点，如图1-118所示。

2) 单击属性栏中的 (分割曲线) 按钮，即可将该节点断开为两个节点，如图1-119所示。

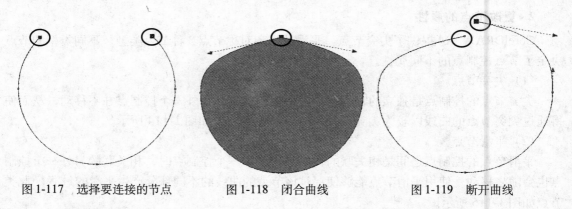

图1-117 选择要连接的节点　　　图1-118 闭合曲线　　　图1-119 断开曲线

4. 自动闭合曲线

自动闭合曲线的具体操作步骤如下：

1) 利用工具箱中的 (形状工具) 选择要进行自动封闭的曲线，如图1-120所示。

2) 单击属性栏中的 (自动闭合曲线) 按钮，此时开放的曲线的起始节点和终止节点会以一条直线连接起来，从而封闭曲线，如图1-121所示。

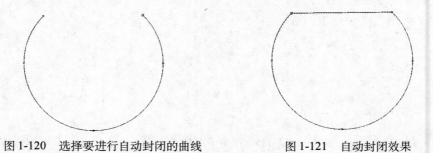

图1-120 选择要进行自动封闭的曲线　　　图1-121 自动封闭效果

1.5.3　切割图形

利用 [图标]（刻刀工具）可以对单一的图形对象进行裁切，使一个图形被裁切成两个图形。切割图形的具体操作步骤如下：

1）利用工具箱中的 [图标]（星形工具）绘制一个五角星。

2）单击工具箱中的 [图标]（裁剪工具），从弹出的隐藏工具中选择 [图标]（刻刀工具）。

3）将鼠标放置在要切割的五角星的轮廓上，在要开始切割的位置上单击鼠标，如图1-122所示。然后将鼠标移动到需切割的终止位置再次单击鼠标，如图 1-123 所示，即可完成切割。

4）切割完成后，利用工具箱中的 [图标]（挑选工具）拖动切割后的图形，可以看到切割后的图形被分成了两部分，如图 1-124 所示。

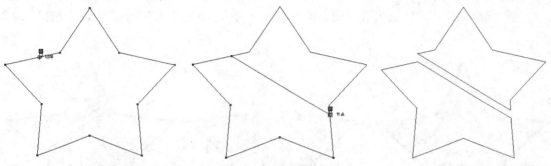

图 1-122　确定切割起始位置　　　图 1-123　确定切割终止位置　　　图 1-124　图形被分成了两部分

5）如果在确认切割起始位置后，单击并拖拽鼠标到终点的位置，如图 1-125 所示，可以以曲线的形状切割图形，如图 1-126 所示。

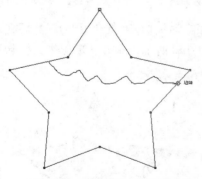

图 1-125　以曲线切割图形　　　　　　　图 1-126　以曲线切割图形效果

1.5.4　擦除图形

利用 [图标]（擦除工具）可以擦除部分图形或全部图形，并可以将擦除后的图形的剩余部分自动闭合，擦除工具只能对单一的图形对象进行擦除。擦除图形的具体操作步骤如下：

1）利用工具箱中的 [图标]（星形工具）绘制一个五角星，如图 1-127 所示。

2）选择工具箱中的 [图标]（擦除工具），然后在属性栏中设置参数，如图 1-128 所示。接着利用 [图标]（擦除工具）在五角星上单击，从而将其进行选取。

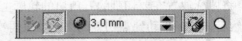

图1-127 绘制一个五角星　　　　　　　图1-128 设置参数

3）在星形外单击确定擦除的起点，如图1-129所示。然后将鼠标移动到擦除的终点位置，此时擦除起点和终点之间会出现虚线，再单击鼠标确认，如图1-130所示，结果如图1-131所示。

图1-129 确定擦除的起点　　　图1-130 确定擦除的终点　　　图1-131 擦除后的效果

4）如果在擦除工具属性栏中单击 ◯ 按钮，将擦除笔头切换为 ▢ （矩形），然后在确认擦除起点后，单击并拖拽鼠标到擦除终点的位置，如图1-132所示，即可以矩形作为擦除笔头并以曲线的形状擦除图形，如图1-133所示。

图1-132 以矩形作为笔头进行擦除　　　　图1-133 擦除后的效果

1.5.5 修饰图形

在CorelDRAW X4中用于修饰图形的工具包括 ⬚（涂抹笔刷）、⬚（粗糙笔刷）、⬚（自由变换工具）和 ✐（虚拟段删除），利用这些可以修饰已绘制的矢量图形。

1. 涂抹笔刷

使用 ✐（涂抹笔刷）工具可以对对象轮廓线进行随意的涂抹，从而产生一种类似于增加节点并调整节点后的效果。使用 ✐（涂抹笔刷）工具的具体操作步骤如下：

1）绘制一个狗的图形对象，如图 1-134 所示。

2）利用工具箱中的 ▶（挑选工具）选择狗的图形对象，然后单击工具箱中的 ▲（形状工具），从弹出的隐藏工具中选择 ✐（涂抹笔刷）工具。

3）在属性栏中设置笔尖大小，添加水分浓度、角度等参数，如图 1-135 所示。然后在要涂抹的位置上单击并拖动鼠标，结果如图 1-136 所示。

图 1-134　绘制图形对象

图 1-136　利用 ✐（涂抹笔刷）工具处理后的效果

图 1-135　✐（涂抹笔刷）工具的属性栏

2. 粗糙笔刷

使用 ✐（粗糙笔刷）工具可以使对象轮廓变得更加粗糙，从而产生一种锯齿的特殊效果。使用 ✐（粗糙笔刷）工具的具体操作步骤如下：

1）利用工具箱中的 ▢（矩形工具）绘制一个矩形，如图 1-137 所示。

2）利用工具箱中的 ▶（挑选工具）选择需要粗糙的矩形，然后单击工具箱中的 ▲（形状工具），从弹出的隐藏工具中选择 ✐（粗糙笔刷）工具。

3）在属性栏中设置笔尖大小，输入尖突频率的值、角度等参数，如图 1-138 所示。然后将鼠标移动到矩形边缘单击并进行拖动，结果如图 1-139 示。

图 1-137　绘制矩形

图 1-138　✐（粗糙笔刷）工具的属性栏

图1-139　(粗糙笔刷) 工具处理后的效果

3. 自由变换图形

使用(自由变换) 工具可以对对象进行任意角度的变换, 从而使图形产生一种在角度上变化的效果。使用(自由变换) 工具的具体操作步骤如下:

1) 利用工具箱中的(手绘工具) 绘制或导入一幅图形对象。

2) 单击工具箱中的(形状工具), 从弹出的隐藏工具中选择(自由变换) 工具。然后将鼠标移动到图形对象上, 单击并拖动鼠标, 即可以任意角度变换图形对象。

4. 虚拟段删除

使用(虚拟段删除) 工具可以删除部分图形或线段。使用(虚拟段删除) 工具的具体操作步骤如下:

1) 绘制图形对象, 如图1-140所示。

2) 单击工具箱中的(裁剪工具), 从弹出的隐藏工具中选择(虚拟段删除) 工具, 此时光标将变为形状。

3) 拖拽出包含要删除的图形或线段的虚线矩形框, 如图1-141所示, 此时在虚线矩形框中包含的图形或线段将被全部删除, 如图1-142所示。

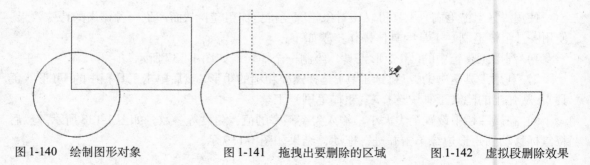

图1-140　绘制图形对象　　　　图1-141　拖拽出要删除的区域　　　　图1-142　虚拟段删除效果

1.5.6　重新整合图形

在CorelDRAW X4中提供了能够将多个对象组合成一个新的图形对象的功能, 如 "焊接"、"修剪"、"相交"、"简化" 等, 下面就来进行具体讲解。

1. 焊接和修剪图形

(1) 焊接

"焊接" 命令可以将不同对象的重叠部分进行处理, 从而使这些对象结合起来创造一个新的对象。焊接多个对象的具体操作步骤如下：

1）绘制 3 个要进行焊接的图形，然后利用工具箱中的 ▣（挑选工具）选取要进行焊接的图形，如图 1-143 所示。

2）执行菜单中的"窗口 | 泊坞窗 | 造形"命令，调出"造形"泊坞窗，然后在顶部的下拉列表中选择"焊接"选项，如图 1-144 所示。

3）如果想在焊接之后保留目标对象的副本，可选中"目标对象"复选框；如果想在焊接之后保留源对象的副本，可选中"来源对象"复选框。下面是在两个复选框均未选中的情况下进行操作的。

4）单击"焊接到"按钮，此时鼠标变为 ▚ 形状，然后将鼠标移动到圆形上单击，结果如图 1-145 所示。

提示：在焊接时选择不同的源对象和不同的目标对象可以得到不同的焊接效果。

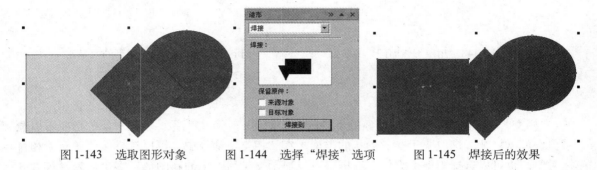

图 1-143 选取图形对象 　　图 1-144 选择"焊接"选项 　　图 1-145 焊接后的效果

（2）修剪

"修剪"命令是将选择的多个对象的重叠区域全部剪去，从而创建出一些不规则的形状。修剪多个对象的具体操作步骤如下：

1）绘制两个要进行修剪的图形，然后利用工具箱中的 ▣（挑选工具）选取要进行修剪的图形，如图 1-146 所示。

2）执行菜单中的"窗口 | 泊坞窗 | 造形"命令，调出"造形"泊坞窗，然后在顶部的下拉列表中选择"修剪"选项，如图 1-147 所示。

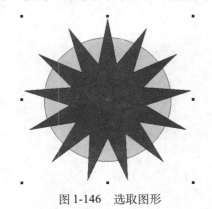

图 1-146 选取图形

图 1-147 选择"修剪"选项

3）单击"修剪"按钮，此时鼠标变为 形状，然后将鼠标移动到圆形上单击（即用星形修剪圆形），结果如图1-148所示。

提示：如果单击"修剪"按钮后，在星形上单击鼠标（即用圆形修剪星形），结果如图1-149所示。

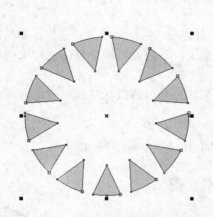

图1-148 用星形修剪圆形的效果

图1-149 用圆形修剪星形的效果

2．相交与简化

（1）相交

"相交"能够用两个或多个对象的重叠区域来创建一个新的对象。新建对象的形状可以简单，也可以复杂，这取决于交叉形状的类型。在"相交"命令中，可以选择保留源对象和目标对象，也可以选择不保留它们，在屏幕上只显示交叉后产生的新图形。多个对象经过处理后，新图形的颜色由目标对象的颜色来决定。"相交"命令一次只能选择两个对象来执行，如果想要对多个对象同时执行"相交"命令，可以先将一部分对象合并或群组。相交多个对象的具体操作步骤如下：

1）绘制两个要进行相交的图形，然后利用工具箱中的 （挑选工具）选取要进行相交的图形，如图1-150所示。

2）执行菜单中的"窗口|泊坞窗|造形"命令，调出"造形"泊坞窗，然后在顶部的下拉列表中选择"相交"选项，如图1-151所示。

图1-150 选取图形

图1-151 选择"相交"选项

3）单击"相交"按钮，此时鼠标变为 形状，然后将鼠标移动到圆形上单击，结果如图 1-152 所示。

提示：如果单击"相交"按钮后，在星形上单击鼠标，结果如图 1-153 所示。

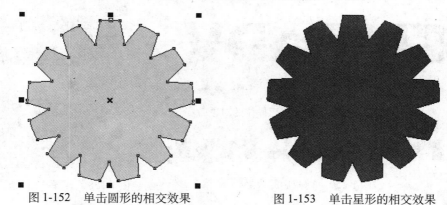

图 1-152　单击圆形的相交效果　　　　　　　　图 1-153　单击星形的相交效果

（2）简化

"简化"命令是减去后面图形和前面图形的重叠部分，并保留前面图形和后面图形的形态。简化图形的具体操作步骤如下：

1）绘制两个图形，然后利用工具箱中的 （挑选工具）选取它们，如图 1-154 所示。

2）执行菜单中的"窗口｜泊坞窗｜造形"命令，调出"造形"泊坞窗，然后在顶部的下拉列表中选择"简化"选项，如图 1-155 所示。

3）单击"应用"按钮，然后利用工具箱中的 （挑选工具）移动图形即可看到效果，结果如图 1-156 所示。

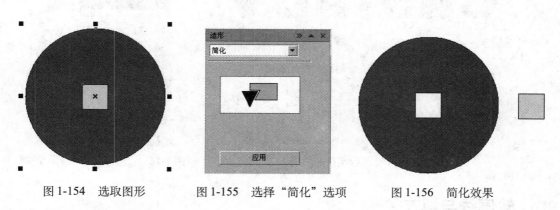

图 1-154　选取图形　　　　图 1-155　选择"简化"选项　　　　图 1-156　简化效果

3. 前减后、后减前

（1）前减后

"前减后"命令是减去后面图形及前后图形的重叠部分，保留前面图形的剩余部分。前减后图形的具体操作步骤如下：

1）利用工具箱中的 （挑选工具）选取要进行前减后操作的对象，如图 1-157 所示。

2）执行菜单中的"窗口|泊坞窗|造形"命令，调出"造形"泊坞窗，然后在顶部的下拉列表中选择"前减后"选项，如图1-158所示。

3）单击"应用"按钮，结果如图1-159所示。

图1-157　选取要进行前减后操作的对象

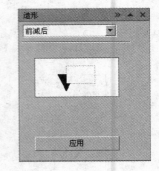

图1-159　前减后的效果

图1-158　选择"前减后"选项

（2）后减前

"后减前"命令是减去前面图形及前后图形的重叠部分，保留后面图形的剩余部分。后减前图形的具体操作步骤如下：

1）利用工具箱中的 ▯（挑选工具）选取要进行后减前操作的对象，如图1-160所示。

2）执行菜单中的"窗口|泊坞窗|造形"命令，调出"造形"泊坞窗，然后在顶部的下拉列表中选择"后减前"选项，如图1-161所示。

3）单击"应用"按钮，结果如图1-162所示。

图1-160　选取要进行后减前操作的对象

图1-162　后减前的效果

图1-161　选择"后减前"选项

1.6　轮廓线与填充

在CorelDRAW X4中提供了丰富的轮廓和填充工具，利用这些工具可以制作出绚丽的图形效果。本节将具体讲解这些工具的使用。

1.6.1　轮廓线编辑

轮廓线是指一个图形对象的边缘或路径。默认情况下，绘制出的图形带有黑色的轮廓线。

通过调整轮廓线的宽度，可以绘制出不同宽度的轮廓线，如图 1-163 所示。此外，还可以去除轮廓线。

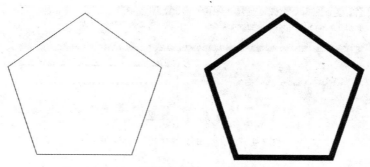

图 1-163　绘制不同宽度的轮廓线

1. 使用轮廓工具

单击工具箱中的 (轮廓工具)，弹出如图 1-164 所示的隐藏工具栏。在弹出的隐藏工具栏中单击 (画笔) 工具，可以在弹出的对话框中编辑对象的轮廓线；单击 (颜色) 工具，可以在弹出的对话框中编辑图形对象的轮廓线颜色；单击 (颜色泊坞窗) 工具，可以调出"颜色"泊坞窗；单击 (无轮廓) 工具，可将编辑对象设置为无轮廓线；其他隐藏工具用于设置不同宽度的轮廓线。

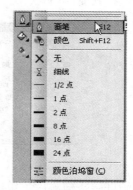

2. 轮廓线颜色和样式

图 1-164　 (轮廓工具) 的隐藏工具栏

在如图 1-165 所示的"轮廓笔"对话框中，单击"颜色"右侧 按钮，可以设置不同轮廓线颜色；单击"样式"下面的 按钮，可以选择不同的轮廓线样式，如图 1-166 所示。

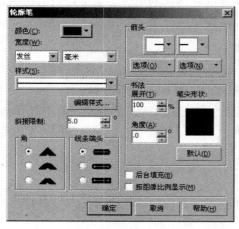

图 1-165　"轮廓笔"对话框

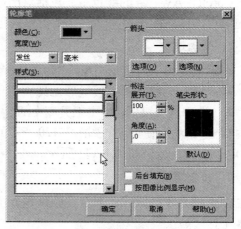

图 1-166　选择不同的轮廓线样式

单击"编辑样式"按钮，在弹出的"编辑线条样式"对话框中拖动滑块，可以绘制出新的线形，如图1-167所示。

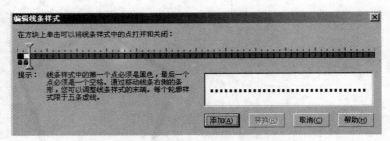

图1-167 "编辑线条样式"对话框

单击编辑条上的白色方块，此时白色方块变为黑色，如图1-168所示，再次单击黑色方块，可以将其变回白色。

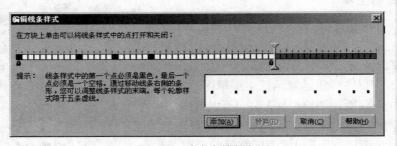

图1-168 改变色块颜色

编辑好线条样式后，单击"添加"按钮，可将新编辑的线条添加到"样式"列表中；单击"替换"按钮，可用新编辑的线条样式替换原来在列表中的选中的线条。

1.6.2 使用填充

CorelDRAW X4的颜色填充包括对图形对象的轮廓和内部的填充。图形对象的轮廓只能填充单色，而在图形对象的内部则可以进行单色、渐变、图案等多种方式的填充。

1. 匀称填充

匀称填充用于对图形对象内部进行颜色填充。进行匀称填充的具体操作步骤如下：

1）利用工具箱中的 （星形工具）绘制一个星形，如图1-169所示。

2）选中这个星形，单击工具箱中的 （填充工具）按钮，在弹出的隐藏工具中选择 （填充对话框）。然后在弹出的如图1-170所示的"匀称填充"对话框中选择相应的颜色后，单击"确定"按钮，结果如图1-171所示。

2. 渐变填充

渐变填充包括线性、射线、圆锥和方角4种色彩渐变类型。进行渐变填充的具体操作步骤如下：

1）选择图1-169中绘制的星形，然后单击工具箱中的 （填充工具）按钮，在弹出的隐藏工具中选择 （渐变填充对话框）。接着在弹出的如图1-172所示的"渐变填充"对话框的

"类型"下拉列表中选择"线性",单击"确定"按钮,结果如图 1-173 所示。

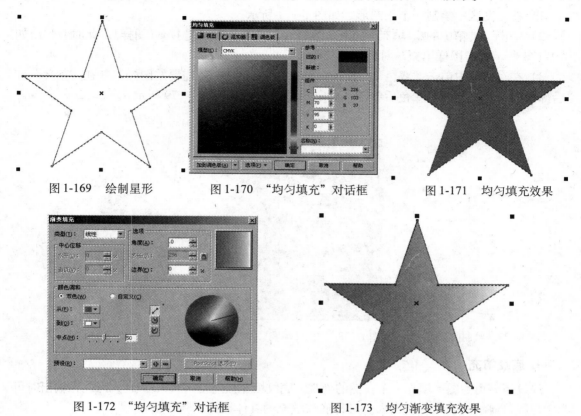

图 1-169　绘制星形　　　　图 1-170　"均匀填充"对话框　　　　图 1-171　均匀填充效果

图 1-172　"均匀填充"对话框　　　　图 1-173　均匀渐变填充效果

2) 如果在"渐变填充"对话框的"类型"下拉列表中选择"射线",单击"确定"按钮,结果如图 1-174 所示;如果在"渐变填充"对话框的"类型"下拉列表中选择"圆锥",单击"确定"按钮,结果如图 1-175 所示;如果在"渐变填充"对话框的"类型"下拉列表中选择"方角",单击"确定"按钮,结果如图 1-176 所示。

图 1-174　射线渐变填充效果　　　图 1-175　圆锥渐变填充效果　　　图 1-176　方角渐变填充效果

3. 图样填充

图样填充可以将预设图案以平铺的方式填充到图形对象中。图样填充分为双色、全色或位图填充 3 种方式。下面以双色图样填充为例来讲解图样填充的方法，具体操作步骤如下：

1）在绘图区中绘制一个正圆形，如图 1-177 所示。

2）单击工具箱中的 (填充)按钮，在弹出的隐藏工具中选择 (图样)，此时会弹出如图 1-178 所示的"图样填充"对话框。

3）在对话框中单击"双色"，然后在图样列表框中选择所需要的图样，并在"前部"和"后部"右侧选择相应的颜色后单击"确定"按钮，结果如图 1-179 所示。

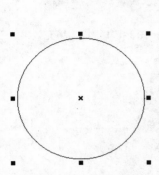
图 1-177　绘制圆形

图 1-178　"图样填充"对话框

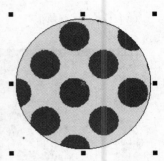
图 1-179　图样填充效果

4. 底纹填充

底纹填充可为图形填充一个自然的外观。底纹填充只能使用 RGB 颜色，因此在输出时可能会与屏幕显示的颜色有所出入。进行底纹填充的具体操作步骤如下：

1）在绘图区中绘制一个五边形，然后利用 (挑选工具)选取该对象，如图 1-180 所示。

2）单击工具箱中的 (填充)按钮，然后在弹出的隐藏工具中选择 (底纹)，此时会弹出如图 1-181 所示的"底纹填充"对话框。

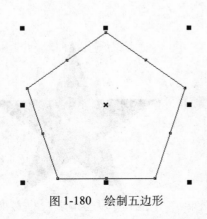
图 1-180　绘制五边形

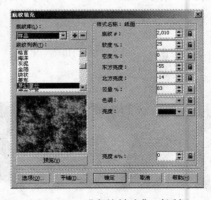
图 1-181　"底纹填充"对话框

3）在对话框的"底纹库"下拉列表中选择一种底纹库，然后在"底纹列表"中选择一种底纹。接着单击"选项"按钮，在弹出的对话框中设置分辨率，如图 1-182 所示，单击"确定"按钮。再单击"平铺"按钮，在弹出的对话框中设置底纹的原点坐标、大小、变换等参数，如图 1-183 所示，单击"确定"按钮。

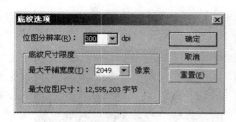

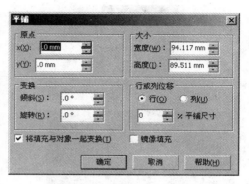

图 1-182　"底纹选项"对话框　　　　　　　图 1-183　"平铺"对话框

4）设置完毕后，单击"确定"按钮，结果如图 1-184 所示。

提示：在"对象属性"泊坞窗的填充类型中选择"底纹填充"，也可以进行底纹填充。

图 1-184　底纹填充效果

1.6.3　交互式填充和交互式网状填充

使用 ⬚(交互式填充工具) 和 ⬚(交互式网状填充工具) 可以使对象产生各种复杂的填充效果。

1. 交互式填充

使用工具箱中的 ⬚(交互式填充工具) 及其属性栏可以方便、直观地对选取对象进行交互式填充，从而产生单色、渐变、图案、纹理等效果。使用交互式填充工具的具体操作步骤如下：

1）在绘图区中绘制一个矩形，然后利用 ⬚(挑选工具) 选取该对象。

2）选择工具箱中的 ⬚(交互式填充工具)，在属性栏中选择一种填充类型，如图 1-185 所示。然后在右侧的两个颜色下拉列表中选择渐变起始色和结束色，结果如图 1-186 所示。

3）如果要调整交互式填充后的对象的颜色分布，可以通过拖动 □ 和 ⬚ 图标来改变渐变色的起始和结束位置，并可以通过拖动 ⬚ 滑块来调整渐变色之间的颜色分布，如图 1-187 所示。

图 1-185　（交互式填充工具）属性栏

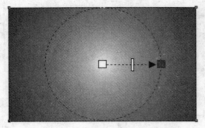

图 1-186　交互式填充效果

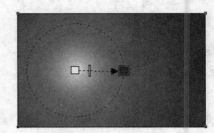

图 1-187　调整交互式填充后的对象的颜色分布

2. 交互式网状填充

使用工具箱中的（交互式网状填充工具）及其属性栏可以方便地为选取对象进行交互式网格填充，从而创建多种颜色填充，而无需使用轮廓、渐变或调和等属性。利用该工具可以在任何方向转换颜色，处理复杂形状图形中的细微颜色变化，从而制作出花瓣、树叶等复杂形状的色彩过渡。使用交互式网格工具的具体操作步骤如下：

1）在绘图区中绘制一个圆形，然后利用（挑选工具）选取该对象。

2）选择工具箱中的（交互式网状填充工具），然后在属性栏中设置网格数量，如图1-188所示。

图 1-188　属性栏中设置网格数量

3）改变节点颜色。方法：在绘图区中用鼠标拖动选中格线节点，然后在调色板中选择一种颜色，即可改变选中的节点的颜色，而且与节点依然保持原填充的颜色，结果如图1-189所示。

4）改变形状。方法：用鼠标拖动对象的边框节点，则对象的外观随节点的移动而改变，如图1-190所示。

1.7　文本的创建与编辑

CorelDRAW X4 具有强大的文本输入和编辑处理功能，本节将具体讲解在 CorelDRAW X4 中处理文本的基本操作。

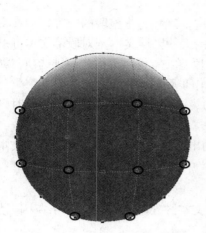 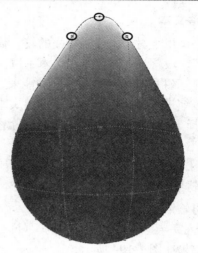

图 1-189 改变节点的颜色 　　　　　图 1-190 调整节点的形状

1.7.1 输入文本

CorelDRAW X4 的文本分为美术字文本和段落文本两种类型。

1. 美术字文本

美术字文本适合制作由少量文本组成的文本对象，如书籍、产品名称等。由于美术字是作为一个单独的图形对象来使用的，因此可以使用各种处理图形的方法对其进行编辑处理，如添加立体化、透镜等图形效果。美术字文本不受文本框的限制，美术字文本的换行也与段落文本不同，必须在行尾按一下〈Enter〉键，其后的文本才能够转到下一行。输入美术字文本的具体操作步骤如下：

1）选择工具箱中的 字（文本工具）（快捷键〈F8〉），然后将鼠标移至工作区，此时光标变为 字 形状。

2）在工作区中要输入美术字文本的位置单击鼠标左键，该位置会出现一个闪烁光标"|"符号。

3）在图 1-191 所示的文本工具属性栏中设置字体、字号等属性后，输入文本。然后利用工具箱中的 （挑选工具）在文本区外单击左键，即可结束美术字文本的输入，如图 1-192 所示。

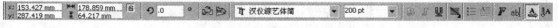

图 1-191 文本工具属性栏

设计软件教师协会

图 1-192 添加美术字文本

提示：如果使用拼音输入法输入文字，在输入完毕后，必须先按键盘上的〈Enter〉键确认。

2. 段落文本

段落文本用于对格式要求更高的较大篇幅的文本中，通常为一整段的内容，如文章、新闻、期刊等。段落文本是建立在美术字模式的基础上的大块区域文本。对段落文本可以使用CorelDRAW X4所具备的编辑排版功能来进行处理，段落文本可应用格式编排选项，如添加项目符号、缩进以及分栏等。输入段落文本的具体操作步骤如下：

1）选择工具箱中的 字 （文本工具）（快捷键〈F8〉），然后将鼠标移至工作区，此时光标变为 ⁺₊字 形状。

2）在工作区中要输入段落文本的位置单击并拖动出虚线矩形段落文本框，此时文本框左上方将出现插入文字光标"|"。然后在文本工具属性栏中设置字体、字号等属性，如图1-193所示，即可输入文本。

3）输入完毕，利用工具箱中的 ▶ （挑选工具）在文本区外单击左键，即可结束段落文本的输入，结果如图1-194所示。

图1-193　设置文本属性　　　　　　　　　　　图1-194　输入段落文本

1.7.2　编辑文本

选择工具箱中的 字 （文本工具），然后在工作区中单击鼠标插入文本光标，接着按住鼠标左键不放并拖拽鼠标，即可选中需要的段落文本，如图1-195所示。

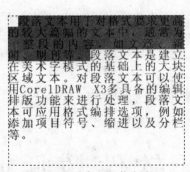

图1-195　选中段落文本

在文本属性栏中重新选择字体、字号，如图1-196所示。此时被选中的文本的字体将会随之发生变化，如图1-197所示。

　　选中需要改变颜色的文本，然后在右侧调色板中单击相应的颜色，即可将该颜色应用到选中的段落文本中，如图 1-198 所示。

　　按住键盘上的〈Alt〉键拖拽文本框的 4 个边角控制点中的任意一个，可以按文本框的大小改变段落文本的大小，如图 1-199 所示。

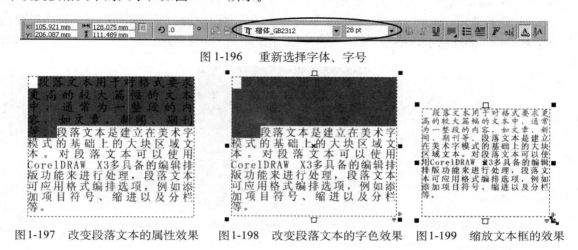

图 1-196　　重新选择字体、字号

图1-197　改变段落文本的属性效果　　　图1-198　改变段落文本的字色效果　　　图1-199　缩放文本框的效果

1.7.3　文本效果

　　在创建文本对象后，还可以对其进行对齐、设置项目符号、首字下沉、设置缩进等操作。

1. 对齐文本

　　设置文本对齐的具体操作步骤如下：

　　1）利用工具箱中的 字 （文本工具），在工作区中输入一段段落文本。

　　2）利用工具箱中的 ▶ （挑选工具），选择输入的段落文本对象。然后单击文本属性栏中的 ▤ 按钮，从弹出的如图 1-200 所示的按钮中选择一种对齐方式。图 1-201 所示为居中、全部对齐和强制调整的效果比较。

居　中

全部对齐　　　　　　　　　　　　　强制调整

图 1-200　　文本对齐按钮　　　　　　　　图 1-201　　不同对齐方式的效果比较

2. 设置项目符号

设置项目符号的具体操作步骤如下：

1）利用工具箱中的 字 （文本工具）输入段落文本对象。然后利用工具箱中的 ▨ （挑选工具）选择输入的段落文本对象，如图1-202所示。

2）执行菜单中的"文本|项目符号"命令，然后在弹出的"项目符号"对话框中设置相应参数如图1-203所示，单击"确定"按钮，结果如图1-204所示。

图1-202　选择段落文本

图1-203　设置项目符号参数

图1-204　添加项目符号效果

3. 首字下沉

在段落中使用首字下沉可以放大首字母或字。设置首字下沉的具体操作步骤如下：

1）利用工具箱中的 字 （文本工具）输入段落文本对象。然后利用工具箱中的 ▨ （挑选工具）选择输入的段落文本对象，如图1-205所示。

2）执行菜单中的"文本|首字下沉"命令，然后在弹出的"首字下沉"对话框中设置相应参数如图1-206所示，单击"确定"按钮，结果如图1-207所示。

图1-205　选择段落文本

图1-206　设置首字下沉参数

图1-207　首字下沉效果

4. 设置缩进

对于创建的段落文本可以进行首行缩进、左缩进、右缩进等缩进操作，设置缩进的具体操作步骤如下：

1）利用工具箱中的 字 （文本工具）输入段落文本对象。然后利用工具箱中的 ▨ （挑选工具）选择输入的段落文本对象。

2）执行菜单中的"文本|段落格式化"命令，打开"段落格式化"泊坞窗，如图 1-208 所示。然后在"缩进量"选项组中设置相应的缩进参数即可。

> 提示：当对段落文本应用了缩进处理后，如果不再需要对段落文本应用缩进，可以在"缩进量"选项组中将首行、左、右 3 个缩进量都设为 0，从而清除缩进。

5. 添加制表位

利用添加制表位的功能也可以为段落文本设置缩进量。添加制表位的具体操作步骤如下：

1）利用工具箱中的 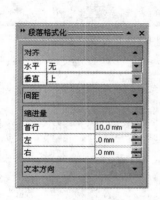（文本工具）输入段落文本对象。然后利用工具箱中的 （挑选工具）选择输入的段落文本对象。

2）执行菜单中的"文本|制表位"命令，打开"制表位设置"对话框，如图 1-209 所示。然后设置相应参数后单击"确定"按钮即可。

图 1-208　"段落格式化"泊坞窗

图 1-209　"制表位设置"对话框

6. 设置分栏

利用分栏功能可以为段落文本创建宽度和间距相等的栏，也可以创建不等宽的栏。设置分栏的具体操作步骤如下：

1）利用工具箱中的 字（文本工具）输入段落文本对象。然后利用工具箱中的 （挑选工具）选择输入的段落文本对象，如图 1-210 所示。

2）执行菜单中的"文本|栏"命令，在弹出的"栏"对话框中设置相应参数如图 1-211 所示，单击"确定"按钮，结果如图 1-212 所示。

> 提示：对于分栏后的段落文本，还可以使用 字 工具在绘图区中调整栏与栏之间的宽度，如图 1-213 所示。

1.8　交互式工具

在 CorelDRAW X4 中交互式工具包括 （交互式调和工具）、 （交互式轮廓图工具）、 （交互式变形工具）、 （交互式封套工具）、 （交互式立体化工具）、 （交互式阴影工具）和

（交互式透明工具）7种。它们位于工具箱中，如图1-214所示。利用交互式工具，可以制作出多种丰富的特效。本节将具体讲解交互式工具的使用方法。

图1-210　选择段落文本

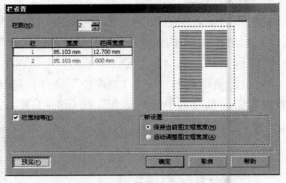

图1-211　设置栏参数

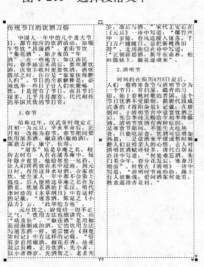

图1-212　两栏效果

图1-213　设置栏参数

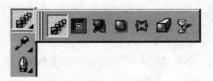

图1-214　交互式工具

1.8.1　交互式调和工具

利用　　（交互式调和工具）可以在两个或多个对象之间进行形状混合渐变的效果。通过应用这一效果，可在选择的对象之间创建一系列的过渡效果，这些过渡对象的各种属性都将介于两个源对象之间。

1. 创建调和效果

调和是 CorelDRAW X4 中的一项重要功能，可以在矢量图形之间产生颜色、轮廓和形状上的变化。创建调和效果的具体操作步骤如下：

1）利用工具箱中的 ⬭（椭圆形工具）绘制两组图形对象，如图 1-215 所示。

2）选择工具箱中的 ⬚（交互式调和工具），然后将鼠标放在图形上，此时鼠标变为 ⬚ 形状，如图 1-216 所示。

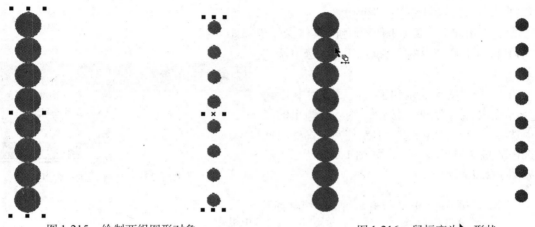

图 1-215　绘制两组图形对象　　　　　　　　　　图 1-216　鼠标变为 ⬚ 形状

3）在左侧一组图形上单击并按住鼠标左键不放，然后拖动鼠标到右侧一组图形上释放鼠标，结果如图 1-217 所示。

4）在"交互式调和工具"属性栏中"预设列表"中选择一种预设调和样式，如图 1-218 所示，结果如图 1-219 所示。

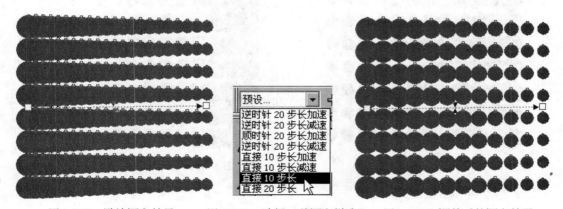

图 1-217　默认调和效果　　　图 1-218　选择一种调和样式　　　图 1-219　调整后的调和效果

提示：单击"交互式调和工具"属性栏中的 ➕ 按钮，如图 1-220 所示，可以将调整好的调和效果添加到预设列表中。

图 1-220　单击 ➕ 按钮

2．控制调和效果

对于制作了调和效果的图形对象还可以进行改变调和对象中起点及终点的图形颜色、移动、旋转、缩放调和对象、改变调和速度等一系列调整操作。这些操作可以在"调和"泊坞窗中完成，也可以在 🖳（交互式调和工具）属性栏中完成，下面将讲解利用 🖳（交互式调和工具）属性栏来控制调和效果的方法。

（1）改变起点和终点图形颜色

改变调和起点和终点图形颜色的具体操作步骤如下：

1）利用工具箱中的 🖎（挑选工具）选中调和

对象。

2）单击"交互式调和工具"属性栏中的 ✦（起始和结束对象属性）按钮，然后从弹出的菜单中选择"显示起点"或"显示终点"命令（此时选择的是"显示终点"），如图 1-221 所示，结果如图 1-222 所示。

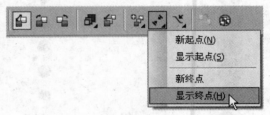

图 1-221　选择"显示终点"

> 提示：利用工具箱中的 🖎（挑选工具）单击调和对象中的"显示起点"或"显示终点"也可选中相关图形。

3）在绘图区右侧调色板中单击白色色块，从而将调和对象中的终点图形的颜色设为白色，结果如图 1-223 所示。

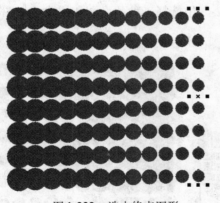

图 1-222　选中终点图形

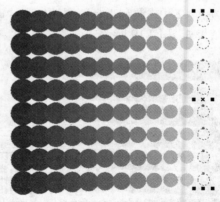

图 1-223　改变终点颜色的效果

（2）移动调和对象中的图形

移动调和对象中图形的具体操作步骤如下：

1）利用工具箱中的 🖎（挑选工具）选中调和对象中起始或终止图形（此时选择的是起始图形），如图 1-224 所示。

2）将起始图形移动到相应位置，然后松开鼠标，此时与之相应的调和产生的一系列对象也随之发生有序的移动，如图1-225所示。

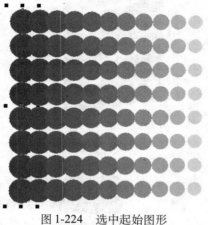

图1-224　选中起始图形

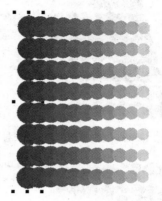

图1-225　移动起始图形的效果

（3）旋转及倾斜调和对象

旋转及倾斜调和对象的具体操作步骤如下：

1）利用工具箱中的 ▨（挑选工具）双击调和对象，进入旋转状态，如图1-226所示。

2）旋转调和对象。方法：将鼠标放在调和对象的4个角中的任意一个角上，当鼠标变为 ↻ 形状时，即可旋转对象，如图1-227所示。

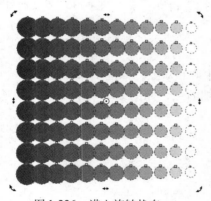

图1-226　进入旋转状态

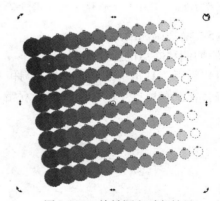

图1-227　旋转调和对象效果

3）倾斜调和对象。方法：将鼠标放置在水平边的中点标志上，当鼠标变为 ⇄ 形状时，即可沿水平方向倾斜对象，如图1-228所示；当鼠标放置在垂直边的中点标志上，当鼠标变为 ↕ 形状时，即可沿垂直方向倾斜对象，如图1-229所示。

（4）改变调和速度

改变调和速度的方法有以下两种：

● 用鼠标调节调和控制虚线中间的两个三角形滑块，如图1-230所示。

● 单击"交互式调和工具"属性栏中的 ▨（对象和颜色加速）按钮，然后从弹出的菜单中调整"对象"滑块，如图1-231所示，结果如图1-232所示。

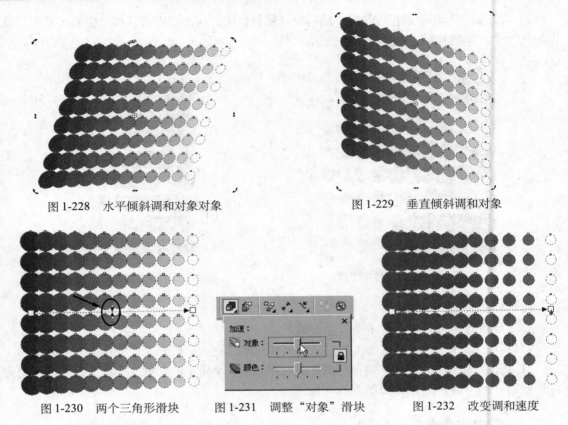

图 1-228　水平倾斜调和对象对象　　　　　　　　图 1-229　垂直倾斜调和对象

图 1-230　两个三角形滑块　　　图 1-231　调整"对象"滑块　　　图 1-232　改变调和速度

（5）增加调和断点

添加调和断点的操作步骤如下：

1）利用工具箱中的 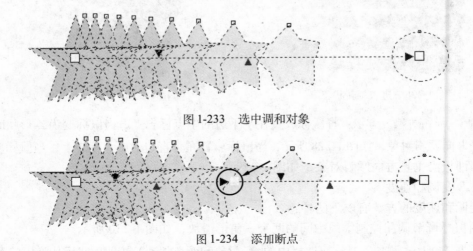 （交互式调和工具）选中调和对象，如图 1-233 所示。

2）在调和所产生的控制虚线上双击，即可添加断点，如图 1-234 所示。

图 1-233　选中调和对象

图 1-234　添加断点

3）选中断点，然后移动其位置，此时调和对象的形状随之改变，如图 1-235 所示。

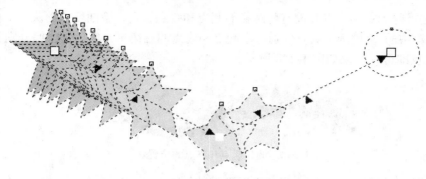

图1-235　调整断点的位置

3. 沿路径调和

　　沿路径调和可以将一个或多个对象沿着一条或多条路径进行调和。沿路径调和的具体操作步骤如下：

　　1）利用工具箱中的 （星形工具）创建一大一小两个五角星，如图1-236所示。然后利用工具箱中的 （交互式调和工具）制作调和效果，如图1-237所示。

图1-236　创建一大一小两个五角星　　　　　　　　图1-237　调和效果

　　2）利用工具箱中的 （贝塞尔工具）绘制图1-238所示的路径。

　　3）右键单击调和图形控制虚线中间的三角形滑块，从弹出的快捷菜单中选择"新路径"命令，如图1-239所示（或单击属性栏中的 （路径属性）按钮），从弹出的下拉菜单中选择"新路径"命令。然后将鼠标移动到路径上，此时鼠标变为 形状，如图1-240所示。接着单击鼠标，即可沿路径调和，结果如图1-241所示。

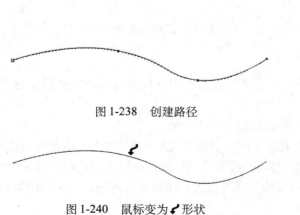

图1-238　创建路径　　　　　　　　　　图1-239　选择"新路径"命令

图1-240　鼠标变为 形状　　　　　　　图1-241　沿路径调和效果

4）此时图形的起点和终点并没有与路径的起点和终点重合，下面就来解决这个问题。方法：利用工具箱中的 ⬚ （挑选工具）分别选中起点和终点的五角星，然后将他们分别移动到路径的起点和终点即可，结果如图1-242所示。

图1-242　调整起点和终点的位置

5）此时图形数量过多，下面适当减少图形的数量。方法：在 ⬚ （交互式调和工具）属性栏中将 ⬚ （步长或调和图像的偏移量）的数值设为5，如图1-243所示，结果如图1-244所示。

图1-243　设置参数　　　　　　　　　　　　图1-244　减少图形数量的效果

6）此时图形只是沿路径调和，而没有沿路径旋转，下面就来解决这个问题。方法：利用工具箱中的 ⬚ （交互式调和工具）选中调和对象，然后单击属性栏中 ⬚ （杂项调和选项）按钮，在弹出的下拉菜单中选中"旋转全部对象"复选框，如图1-245所示，结果如图1-246所示。

图1-245　选中"旋转全部对象"复选框　　　　　图1-246　沿路径旋转调和对象

4. 复合调和

复合调和是指在已有的调和对象基础上再次进行调和操作，从而得到特殊的调和效果。复合调和的具体操作步骤如下：

1）在已有的调和对象中再绘制一个椭圆，如图1-247所示。

2）在未选择任何对象的情况下选择工具箱中的 ⬚ （交互式调和工具），然后在属性栏中设置 ⬚ （步长或调和图像的偏移量）的数值设为3，接着将鼠标放在椭圆上，此时鼠标变为 ⬚ 形状，再单击并拖动鼠标到已创建的调和对象的起点或终点上即可复合调和，结果如图1-248所示。

图 1-247 绘制一个椭圆

图 1-248 复合调和效果

5. 拆分调和对象

拆分调和对象是指将已创建调和的对象进行拆分，从而得到一组调和形成的图形对象。拆分调和对象的具体操作步骤如下：

1）利用工具箱中的 ▨（挑选工具）选中要拆分的调和对象，如图 1-249 所示。

2）选择工具箱中的 ▨（交互式调和工具），然后单击属性栏中 ▨（杂项调和选项）按钮，在弹出的下拉菜单中单击 ▨（拆分），如图 1-250 所示。接着将鼠标放在要拆分的图形上，此时鼠标会变为 ✎ 形状，如图 1-251 所示。最后单击鼠标即可将其拆分出来，如图 1-252 所示。

提示：执行"窗口|泊坞窗|调和"命令，然后在调出的"调和"泊坞窗中进入 ▨（杂项调和选项）选项卡，再单击"拆分"按钮，如图 1-253 所示，也可完成拆分。

图 1-249 选中要拆分的调和对象

图 1-250 单击 ▨（拆分）按钮

图 1-251 鼠标会变为 ✎ 形状

图 1-252 拆分效果

图 1-253 单击"拆分"按钮

3）拆分后的对象并没有彻底拆分出来，还不能进行单独移动等操作。如果要进行彻底拆分，必须执行菜单中的"排列|拆分元素的复合对象"命令，才能将拆分对象分离为独立对象。

1.8.2 交互式轮廓图工具

利用 (交互式轮廓图工具)可以在对象本身的轮廓内部或外部创建一系列与其自身形状相同，但颜色或大小有所区别的轮廓线的效果。

1. 创建轮廓图效果

创建轮廓图的具体操作步骤如下：

1）利用工具箱中的 (挑选工具) 选中需要创建轮廓图的对象（此时选择的是一个圆形），如图1-254所示。

2）单击工具箱中的 (交互式调和工具)，在弹出的隐藏工具中选择 (交互式轮廓图工具)，然后在其属性栏中单击 (到中心)、 (向内) 或 (向外) 按钮选择轮廓线产生的方式，在 15 数值框中输入轮廓线的数量，在 2.54 mm 数值框中输入相邻轮廓之间的距离，如图1-255所示。设置完成后

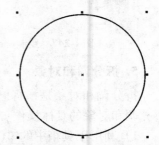

图1-254 选择要创建轮廓图的对象

按键盘上的〈Enter〉键，即可看到效果。图1-256所示为选择不同轮廓线产生方式的效果。

图1-255 (交互式轮廓线工具) 属性栏

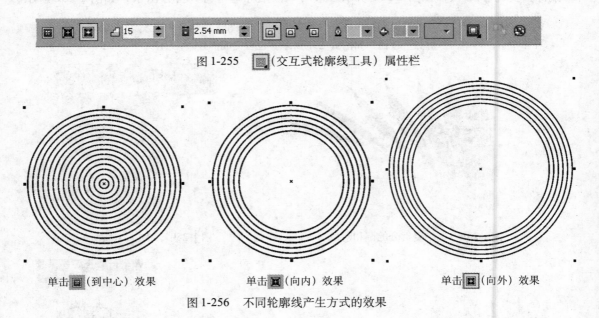

单击 (到中心) 效果 　　　　单击 (向内) 效果 　　　　单击 (向外) 效果

图1-256 不同轮廓线产生方式的效果

2. 分离轮廓图

对于创建了轮廓图的对象，可以对其进行分离，使之成为相互独立的对象。分离轮廓图的具体操作步骤如下：

1）利用工具箱中的 (挑选工具) 选中需要分离轮廓图的对象。

2）执行菜单中的"排列|拆分轮廓图群组"命令，然后执行菜单中的"排列|取消全部群组"命令，即可将轮廓图对象分离为相互独立的对象。

1.8.3　交互式变形工具

利用工具箱中的 （交互式变形工具）可以对图形或美术字对象进行推拉、拉链或扭曲等变形操作，从而改变对象的外观，创造出奇异的变形效果。

1. 推拉变形效果

"推拉变形"是通过工具箱中的（交互式变形工具）实现的一种对象的变形效果。具体效果分为"推"（即将需要变形的对象中的节点全部推离对象的变形中心）和"拉"（即将需要变形的对象中的节点全部拉向对象的变形中心）两种，而且对象的变形中心还可以进行手动调节。推拉变形的具体操作步骤如下：

1）利用工具箱中的（多边形工具）绘制一个五边形，如图 1-257 所示。

2）单击工具箱中的（交互式调和工具），在弹出的隐藏工具中选择（交互式变形工具），然后在其属性栏中单击（推拉变形）按钮，如图 1-258 所示。

图 1-257　创建五边形　　　　　　　　图 1-258　（交互式变形工具）属性栏

3）利用鼠标单击五边形，然后向左拖动鼠标，结果如图 1-259 所示；如果向右拖动鼠标，结果如图 1-260 所示。

4）在推拉效果完成后，还可以通过移动 □ 滑块的位置来调整推拉效果。

提示：也在属性栏中单击"预设"列表框，从弹出的快捷菜单中可以选择一种推拉样式，如图 1-261 所示。

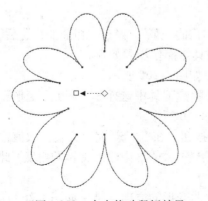

图 1-259　向左拖动鼠标效果

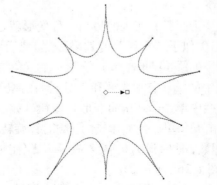

图 1-260　向右拖动鼠标效果

图 1-261　预设效果

2. 拉链变形效果

"拉链变形"是通过工具箱中的 (交互式变形工具)实现的另一种对象的变形效果。经过"拉链变形"后,对象的边缘将呈现锯齿状的效果。拉链变形的具体操作步骤如下:

1)利用工具箱中的 (矩形工具)绘制一个矩形,如图1-262所示。

2)单击工具箱中的 (交互式调和工具),在弹出的隐藏工具中选择 (交互式变形工具),然后在其属性栏中单击 (拉链变形)按钮,如图1-263所示。

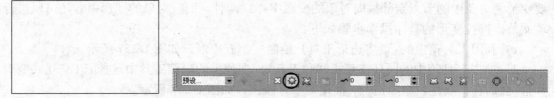

图1-262　绘制矩形　　　　　　　　　　图1-263　单击 (拉链变形)按钮

3)在 (拉链失真振幅)数值框中调整变形的幅度,此时设定为160。然后在 (拉链失真频率)数值框中调整其失真的频率,此时设定为3。接着单击 (随机变形)、 (平滑变形)或 (局部变形)按钮,即可产生拉链变形效果。图1-264所示为单击不同按钮后的效果比较。

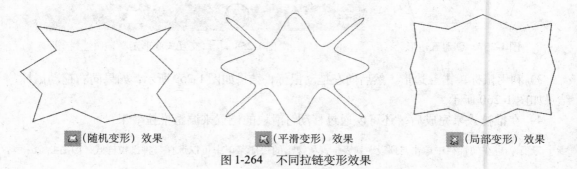

 (随机变形)效果　　　　　　 (平滑变形)效果　　　　　　 (局部变形)效果

图1-264　不同拉链变形效果

3. 扭曲变形效果

利用 (交互式变形工具)实现的最后一种变形就是"扭曲变形",经过"扭曲变形"后,对象的边缘将呈现出类似于"旋风"的效果。扭曲变形的具体操作步骤如下:

1)利用工具箱中的 (星形工具)绘制一个五角星,如图1-265所示。

2)单击工具箱中的 (交互式调和工具),在弹出的隐藏工具中选择 (交互式变形工具),然后在其属性栏中单击 (扭曲变形)按钮,如图1-266所示。

3)利用鼠标单击五角星,然后单击 (顺时针旋转)按钮,在 (完全旋转)数值框中输入扭曲变形的圈数,此时设为0。接着在 (附加旋转)数值框中输入旋转的角度,此时设为90,结果如图1-267所示。

4)单击属性栏中的 (逆时针旋转)按钮,可改变扭曲变形的方向,结果如图1-268所示。

图 1-265　绘制一个五角星

图 1-266　单击 按钮

图 1-267　顺时针扭曲变形效果

图 1-268　逆时针扭曲变形效果

1.8.4　交互式封套工具

使用工具箱中的 可以快速建立对象的封套效果，从而使图形、美术字或段落文字产生丰富的变形效果。

1. 创建封套效果

创建封套效果的具体操作步骤如下：

1）绘制出要进行封套的图形。

2）单击工具箱中的 ，在弹出的隐藏工具中选择 。然后单击要封套的对象，此时对象出现封套虚线控制框的封套和节点，如图 1-269 所示。接着选取节点并拖拽出所需的封套效果，如图 1-270 所示。

图 1-269　封套虚线控制框的封套和节点

图 1-270　调整节点后的封套效果

2. 编辑封套效果

在创建了封套后，还可以在图1-271所示的 ⊠（交互式封套工具）属性栏中对其进行再次编辑。编辑封套的具体操作步骤如下：

图1-271 　⊠（交互式封套工具）属性栏

1）单击"预设"，在弹出的下拉列表中可以选择一种系统预置的封套效果。图1-272为选择不同预设封套的效果比较。

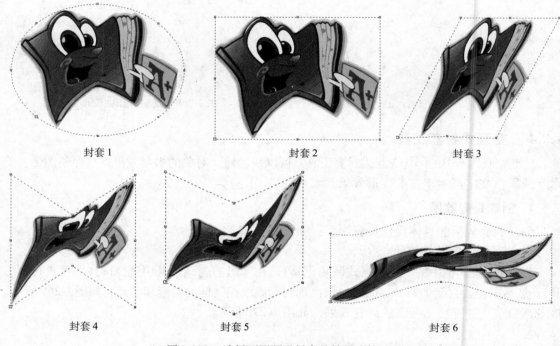

封套1　　　　　　　　　　　封套2　　　　　　　　　　　封套3

封套4　　　　　　　　　　　封套5　　　　　　　　　　　封套6

图1-272　选择不同预设封套的效果比较

2）如果激活 ▢（封套的直线模式），然后调整节点，可以产生直线的封套，如图1-273所示；如果激活 ▢（封套的单弧模式），然后调整节点，可以产生单弧线的封套，如图1-274所示；如果激活 ▢（封套的双弧模式），然后调整节点，可以产生双弧线的封套，如图1-275所示；如果激活 ↗（封套的非强制模式），然后调整节点，可以产生任意方向的封套，如图1-276所示。

3）单击 ▦（添加新封套）按钮，可以在现有封套效果的基础上添加一个新的封套。

4）单击 ▦（保留线条）按钮，将保留封套中线条类型，可以避免在应用封套时将对象的直线或曲线进行转换。

图 1-273　封套的直线模式

图 1-274　封套的单弧模式

图 1-275　封套的双弧模式

图 1-276　封套的非强制模式

5）单击 ![](复制封套属性）按钮，光标将变为 ➡ 形状，在要复制封套属性的对象上单击，将复制该封套属性。

6）单击 ![]（创建封套自）按钮，光标将变为 ➡ 形状，然后在要作为封套对象的图形上单击，将从该图形对象创建封套。

1.8.5　交互式立体化工具

利用 ![]（交互式立体化工具）可以在三维空间内使被操作的矢量图形具有三维立体的效果。而且还能够为其添加光源照射效果，从而使立体对象具有明暗变化。

1．添加立体化效果

使用工具箱中的 ![]（交互式立体化工具）可以为矢量对象添加立体化效果。添加立体化效果的具体操作步骤如下：

1）利用工具箱中的 ![]（星形工具）绘制一个轮廓色为黑色，填充为红色的五角星，如图 1-277 所示。

2）选择五角星，然后单击工具箱中的 ![]（交互式调和工具），在弹出的隐藏工具中选择 ![]（交互式立体化工具）。

图 1-277　绘制五角星

3）在五角星对象中心按住鼠标左键，然后向右上角拖动，此时对象上出现图 1-278 所示的立体化效果的透视模拟框。接着拖动虚线到适当位置后释放鼠标，即可为对象添加立体化效果，如图 1-279 所示。

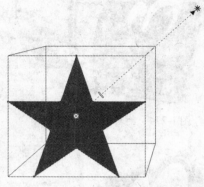 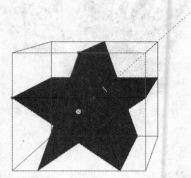

图 1-278　立体化效果的透视模拟框　　　　　图 1-279　　立体化效果

2．调整立体化效果

对于创建的立体化效果还可以进行调整立体化类型、旋转立体化对象、为立体化对象设置颜色、为立体化对象添加光源和为立体化对象设置修饰效果等调整操作。下面就来进行具体讲解。

（1）调整立体化类型

调整立体化类型的具体操作步骤如下：

1）利用工具箱中的 (交互式立体化工具) 选择要调整立体化效果的五角星。

2）在其属性面板中单击"预设"，然后从弹出的下拉列表中选择一种系统预置的立体化效果，此时选择的是"矢量立体化 3"，如图 1-280 所示，结果如图 1-281 所示。

3）单击 按钮，从弹出的图 1-282 所示的下拉列表中选择一种立体化样式。图 1-283 所示为几种选择不同立体化样式的效果。

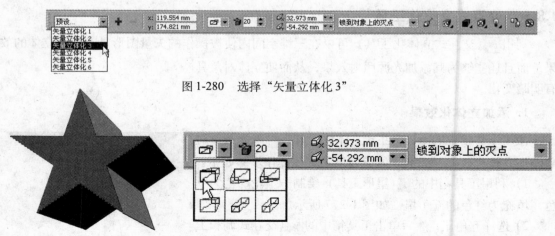

图 1-280　选择"矢量立体化 3"

图 1-281　"矢量立体化 3"效果　　　　　图 1-282　选择一种立体化样式

图 1-283 选择不同立体化样式的效果

（2）旋转立体化对象

旋转立体化对象的具体操作步骤如下：

1）利用工具箱中的 （交互式立体化工具）选择要进行旋转的立体化效果的五角星，然后再次单击五角星，此时立体化的五角星周围出现圆形的旋转设置框，如图 1-284 所示。

2）将鼠标放在圆形旋转设置框外，此时鼠标变为 ↻ 形状，然后可以将立体化五角星沿 Z 轴进行旋转，结果如图 1-285 所示。

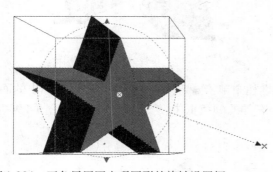

图 1-284 五角星周围出现圆形的旋转设置框

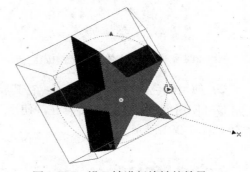

图 1-285 沿 Z 轴进行旋转的效果

3）将鼠标放在圆形旋转设置框内，此时鼠标变为 ✥ 形状，然后上下拖动鼠标，可以将立体化五角星沿 Y 轴进行旋转，结果如图 1-286 所示；左右拖动鼠标，可以使立体化五角星沿 X 轴进行旋转，结果如图 1-287 所示。

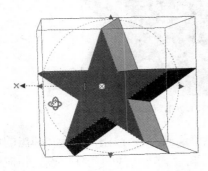

图 1-286 沿 Y 轴进行旋转的效果

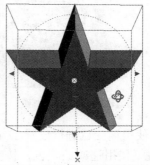

图 1-287 沿 X 轴进行旋转的效果

提示：执行菜单中的"窗口|泊坞窗|立体化"命令，在弹出的"立体化"泊坞窗中单击 (立体化旋转)
按钮，如图1-288所示，然后在该窗口中也可旋转立体化对象。

（3）为立体化对象设置颜色

为立体化对象设置颜色的具体操作步骤如下：

1）利用工具箱中的 (交互式立体化工具)选择要设置颜色的立体化效果的五角星，如
图1-289所示。

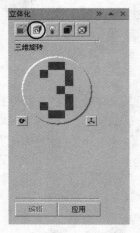

图1-288　单击 (立体化旋转)按钮　　　　　　　　图1-289　选择立体化的五角星

2）使用纯色进行设置。方法：在其属性栏中单击 (颜色)按钮，然后在弹出的面板中
单击 (使用纯色)按钮，接着在"使用"右侧的颜色框中设置一种颜色，如图1-290所示，
结果如图1-291所示。

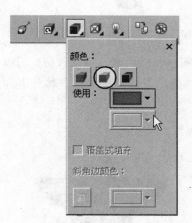

图1-290　设置纯色　　　　　　　　　　　图1-291　使用纯色效果

3）使用渐变色进行设置。方法：在其属性栏中单击 (颜色)按钮，然后在弹出的面板
中单击 (使用递减的颜色)按钮，接着分别在"从"和"到"后的颜色框中设置相应的颜
色，如图1-292所示，结果如图1-293所示。

　　提示：执行菜单中的"窗口|泊坞窗|立体化"命令，在弹出的"立体化"泊坞窗中单击 📘（立体化颜色）按钮，如图 1-294 所示，然后在该窗口中也可改变立体化对象的颜色。

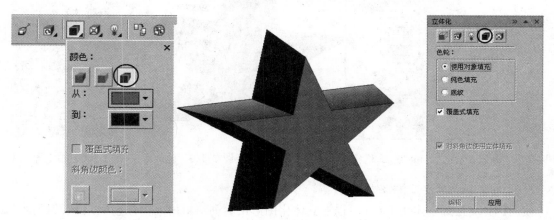

　　　图 1-292　设置渐变色　　　　　图 1-293　使用渐变色效果　　　图 1-294　单击 📘（立体化颜色）按钮

　　（4）为立体化对象添加光源

　　使用 📦（交互式立体化工具）可以给立体化图形添加不同角度和强度的光源。为立体化对象添加光源的具体操作步骤如下：

　　1）利用工具箱中的 📦（交互式立体化工具）选择要添加光源的立体化效果的五角星，如图 1-295 所示。

　　2）在其属性栏中单击 💡（照明）按钮，然后在弹出的面板中单击 💡 按钮，此时在右边的显示框中出现"光源 1"，接着拖动"强度"滑块设置光源的强度，此时设置为 100，如图 1-296 所示，结果如图 1-297 所示。

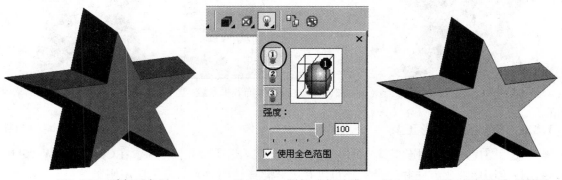

　　　　图 1-295　选择五角星　　　　图 1-296　添加"光源 1"　　　图 1-297　添加"光源 1"的效果

　　3）同理，添加"光源 2"和"光源 3"，如图 1-298 所示，并将他们的"强度"设为 50，结果如图 1-299 所示。

　　提示：执行菜单中的"窗口|泊坞窗|立体化"命令，在弹出的"立体化"泊坞窗中单击 💡（立体化光源）按钮，如图 1-300 所示，然后在该窗口中也可旋转立体化对象。

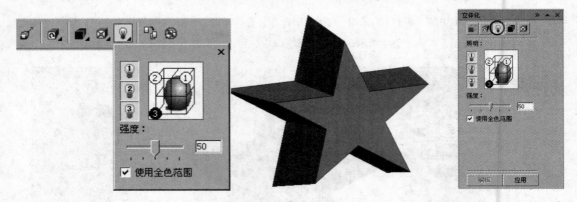

图 1-298　添加"光源 2"和"光源 3"　　图 1-299　"光源 2"和"光源 3"的效果　　图 1-300　单击　按钮

（5）为立体化对象设置修饰效果

使用　（交互式立体化工具）可以在立体化图形正面创建斜角效果，还可以设置斜角的角度和深度。为立体化对象设置修饰效果的具体操作步骤如下：

1）利用工具箱中的　（交互式立体化工具）选择要设置修饰效果的立体化效果的五角星，如图 1-301 所示。

2）在其属性栏中单击　（斜角修饰边）按钮，然后在弹出的面板中勾选"使用斜角修饰边"选项，接着在　右侧数值框中输入要设置斜角的深度，此时输入 2.0mm；在　右侧数值框中输入要设置斜角的高度，此时输入 45.0°，如图 1-302 所示，结果如图 1-303 所示。

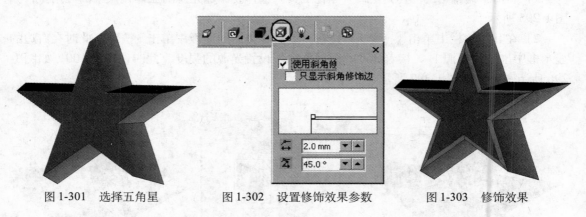

图 1-301　选择五角星　　　　图 1-302　设置修饰效果参数　　　　图 1-303　修饰效果

1.8.6　交互式阴影工具

使用　（交互式阴影工具）可以为图形或文字运用阴影立体效果。在 CorelDRAW X4 中，可以设置阴影羽化方向和边缘，还可以在立体化或透明效果对象上应用阴影效果。

1．创建阴影

创建阴影的具体操作步骤如下：

1）选择要创建阴影的对象，如图 1-304 所示。

2）单击工具箱中的　（交互式调和工具），在弹出的隐藏工具中选择　（交互式阴影工具）。然后单击圆形并按住鼠标往阴影投射方向拖拽，在拖拽过程中可以看到对象阴影和虚线框，当松开鼠标后即可产生阴影效果，如图 1-305 所示。

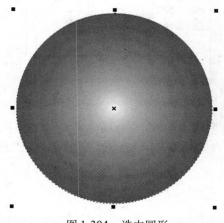

图 1-304　选中圆形

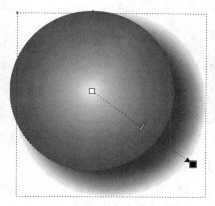

图 1-305　阴影效果

2. 编辑阴影

在创建了阴影后，还可以在属性栏中对其进行再次编辑，如图 1-306 所示。

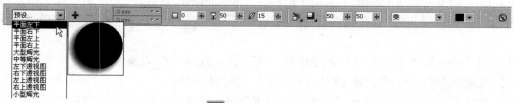

图 1-306　□（交互式阴影工具）属性栏

编辑阴影的具体操作步骤如下：

1）单击"预设"，在弹出的下拉列表中可以选择一种系统预置的阴影效果，此时在该投影效果右侧会显示该阴影效果的缩略图。

2）在 8.305 mm / 7.329 mm 数值框中可以直接输入要设置阴影对象的偏移位置；在 0 数值框中设置阴影的角度；在 50 数值框中设置阴影的透明度；在 15 数值框中设置阴影的羽化值。

3）单击 □（阴影羽化方向）按钮，在弹出的如图 1-307 所示的菜单中设置阴影羽化方向；单击 □（阴影羽化边缘）按钮，在弹出的图 1-308 所示的菜单中设置阴影羽化边缘。

4）单击 乘 按钮，在弹出的如图 1-309 所示的下拉菜单中选择一种阴影混合模式；单击 ■ 按钮，设置阴影的颜色，即可完成阴影的编辑操作。

1.8.7　交互式透明工具

利用 □（交互式透明工具）可以通过改变对象填充色的透明程度来创建独特的视觉效果。交互式透明效果分为"标准"、"渐变"、"图样"和"底纹"4 种。

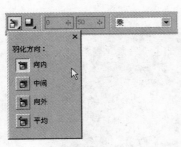

图1-307 设置阴影羽化方向　　　图1-308 设置阴影羽化边缘　　　图1-309 选择阴影混合模式

1. 标准透明效果

添加标准透明效果的具体操作步骤如下：

1）选择工具箱中的 ⊙（椭圆形工具），配合〈Ctrl〉键，绘制一个填充为深蓝色的正圆作为背景。

2）利用工具箱中的 ⊙（多边形工具）绘制一个轮廓色为浅黄色，填充为红色的五边形作为要进行透明处理的对象，如图1-310所示。

3）选择五边形，然后单击工具箱中的 🔧（交互式调和工具），在弹出的隐藏工具中选择 🔲（交互式透明工具）。接着在属性栏"透明度类型"下拉列表中选择"标准"，如图1-311所示。

4）在"透明度操作"下拉列表中选择一种样式，此时选择的是"正常"。

5）在 ⟷▯▮50 中设置对象的起始透明度，此时设为50。

6）在 ▮全部▼ 下列列表中有"填充"、"轮廓"或"全部"3种透明度目标类型可供选择，如图1-312所示。图1-313所示为选择不同透明度目标类型的效果比较。

2. 渐变透明效果

"渐变"透明效果分为"线性"、"射线"、"圆锥"和"方角"4种类型，具体设置方法与"标准透明"相似，只是多了一个"渐变透明角度和边衬"数值框，如图1-314所示。设置该数值框的数值可以改变渐变透明的锐度。图1-315所示为选择不同"渐变"透明效果的效果比较。

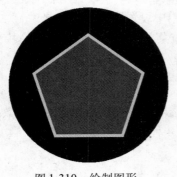

图1-310 绘制图形

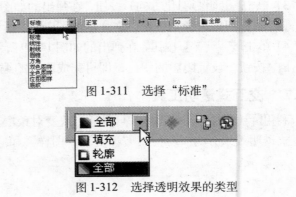

图1-311 选择"标准"

图1-312 选择透明效果的类型

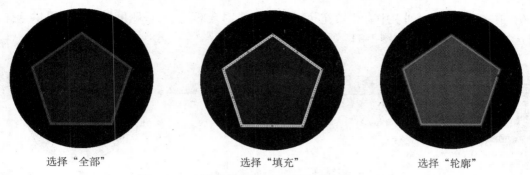

选择"全部"　　　　　　选择"填充"　　　　　　选择"轮廓"

图 1-313　选择不同透明度目标类型的效果比较

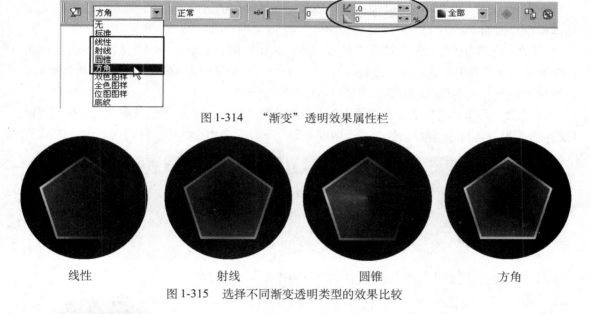

图 1-314　"渐变"透明效果属性栏

线性　　　　　　　　　射线　　　　　　　　圆锥　　　　　　　　方角

图 1-315　选择不同渐变透明类型的效果比较

3. 图样透明效果

"图样"透明效果分为"双色图样"、"全色图样"和"位图图样"3 种类型。这 3 种图样类型的设置方法相似，下面以"双色图样"为例讲解一下添加图样透明效果的方法，具体操作步骤如下：

1）选择工具箱中的 （椭圆形工具），配合〈Ctrl〉键，绘制一个填充为深蓝色的正圆形作为背景。然后利用工具箱中的 （多边形工具）绘制一个轮廓色为浅黄色，填充为红色的五边形作为要进行透明处理的对象，如图 1-310 所示。

2）选择五边形，单击工具箱中的 （交互式调和工具），在弹出的隐藏工具中选择 （交互式透明工具）。接着在属性栏"透明度类型"下拉列表中选择"双色图样"，如图 1-316 所示。

3）在"透明度操作"下拉列表中选择一种样式，此时选择的是"正常"。

4）在 中设置对象的起始透明度，此时设为 50。

5）在 中设置对象的结束透明度，此时设为 80。

6）在 █全部 下列列表中有"填充"、"轮廓"或"全部"3 种透明度目标类型可供选择，此时选择"全部"，结果如图 1-317 所示。

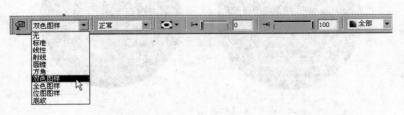

图 1-316　选择"双色图样"

图 1-317　选择"全部"效果

4. 底纹透明效果

使用"底纹"透明效果可以为对象添加各种非常精彩的透明效果。添加底纹透明效果的具体操作步骤如下：

1）选择工具箱中的 ◯（椭圆形工具），配合〈Ctrl〉键，绘制一个填充为深蓝色的正圆形作为背景。然后利用工具箱中的 ◯（多边形工具）绘制一个轮廓色为浅黄色，填充为红色的五边形作为要进行透明处理的对象，如图 1-310 所示。

2）选择五边形，然后单击工具箱中的 █（交互式调和工具），在弹出的隐藏工具中选择 █（交互式透明工具）。接着在属性栏"透明度类型"下拉列表中选择"底纹"，如图 1-318 所示。

图 1-318　选择"底纹"

3）在"透明度操作"下拉列表中选择一种样式，此时选择的是"正常"。

4）在 样本5 ▼ 下拉列表中选择一种样式，系统共提供了 7 种样式可供选择，此时选择的是"样本 5"。

5）在 ►━▌ 0 中设置对象的起始透明度，此时设为 0。

6）在 ◄▌ 100 中设置对象的结束透明度，此时设为 100。

7）在 █全部 下列列表中有"填充"、"轮廓"或"全部"3 种透明度目标类型可供选择，此时选择"全部"，结果如图 3-319 所示。

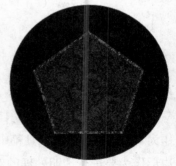

图 1-319　选择"全部"效果

1.9　位图滤镜特效与透镜效果

CorelDRAW X4 中的位图图像是作为一个独特的对象类型来处理的，用户可以调整位图的色调并可以对其添加滤镜效果。

1.9.1　位图的基本操作

位图的基本操作包括导入位图、裁剪位图、重新取样图像和将矢量图形转换为位图等操作。

1. 导入位图

如果要在 CorelDRAW X4 中使用位图，首先要导入一幅或者多幅位图。在导入位图时，可以对导入图像的大小、分辨率以及不同的过滤器进行设置。导入位图的具体操作步骤如下：

1）执行菜单中的"文件|导入"命令，弹出图 1-320 所示的"导入"对话框。

图 1-320　"导入"对话框

2）在"查找范围"下拉列表框中选择要导入位图文件所在的位置，并选择要导入的位图。

3）在"文件类型"下拉列表框中选择要导入的位图扩展名，如.bmp。

4）选中"预览"复选框可以预览选择的位图。

5）单击"导入"按钮，或者双击要导入的位图文件图标。返回到 CorelDRAW 工作窗口，将光标放在要导入位图的位置单击，即可导入位图。

2. 裁剪位图

导入位图时进行裁剪的具体操作步骤如下：

1）执行菜单中的"文件|导入"命令（或者单击工具栏中的 ▣（导入）按钮），弹出"导入"对话框。

2）选择要导入的位图文件，然后在"文件类型"后面的下拉列表框中选择"裁剪"命令，如图 1-321 所示。

3）单击"导入"按钮，弹出如图 1-322 所示的"裁剪图像"对话框。

4）该对话框中拖动裁剪框上的控制手柄可以调整裁剪框的大小，然后拖动裁剪框到适当位置即可。如果要更精确地裁剪，可在"选择要裁剪的区域"区域中输入数值。

5）单击"确定"按钮，即可将裁剪后的位图导入到绘图页面。

3. 重新取样图像

导入位图时进行重新取样的具体操作步骤如下：

1）执行菜单中的"文件|导入"命令（或者单击工具栏中的 （导入）按钮），弹出"导入"对话框。

2）选择要导入的位图文件，然后在"文件类型"后面的下拉列表框中选择"重新取样"命令。

3）单击"导入"按钮，弹出如图 1-323 所示的"重新取样图像"对话框。

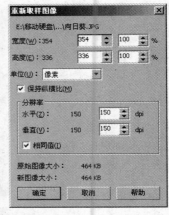

图 1-321　选择"裁剪"选项　　　图 1-322　"裁剪图像"对话框　　图 1-323　"重新取样图像"对话框

4）在该对话框中输入所需位图的宽度和高度的数值，单击"确定"按钮，即可重新取样图像。

4. 将矢量图形转换为位图

CorelDRAW X4 允许直接将矢量图形转换为位图图像，从而对转换为位图的矢量图形应用一些特殊效果。转换为位图对象后，一般文件的大小会增加，但是图形的复杂程度则会大大的降低。

将矢量图形转换为位图的具体操作步骤如下：

1）利用工具箱中的 （钢笔工具）绘制一个图形对象或导入矢量图形对象。

2）利用工具箱中的 （挑选工具）选择绘制或导入矢量图形对象。

3）执行菜单中的"位图|转换为位图"命令，此时会弹出如图 1-324 所示的对话框。

4）在该对话框的"颜色"下拉列表中选择一种颜色。

5）在该对话框的"分辨率"下拉列表中选择适当的分辨率，分辨率越高图像越清晰。还可以在对话框中选择"光滑处理"、"透明背景"、"应用 ICC 预置文件"等选项，使转换后的位图得到不同的对比效果。

图 1-324　"转换为位图"对话框

6）设置完成后，单击“确定”按钮，即可将矢量图形转换为位图对象。

1.9.2　转换位图的颜色模式

在 CorelDRAW X4 中可以根据需要，利用菜单中的“位图 | 模式”命令，可以将位图中的图像转换为黑白、双色、RGB、Lab 和 CMYK 等不同的颜色模式。

1.9.3　调整位图的色调

在 CorelDRAW X4 中的色调包括暗调、中间调和高光，以及颜色的亮度、强度和深度，所有这些要素都可以在 CorelDRAW X4 中进行调整，以提高位图颜色的质量。下面就来具体讲解在 CorelDRAW X4 调整位图色调的方法。

1. 高反差

使用“高反差”命令，可以将图像的最暗区到最亮区的颜色进行重新分布，从而调整颜色的对比度。使用“高反差”命令来调整颜色的具体操作步骤如下：

1）执行菜单中的“文件 | 导入”命令（或者单击工具栏中的（导入）按钮），导入配套光盘“第 1 章 CorelDRAW X4 基础知识 \ 素材及结果 \ 白桦树.jpg”图片，如图 1-325 所示。

2）利用工具箱中的（挑选工具）选择导入的位图对象。然后执行菜单中的“效果 | 调整 | 高反差”命令，在弹出的“高反差”对话框中单击（明调吸管）按钮，吸取图像中下方的深色颜色作为明对比度颜色。再单击（暗调吸管）按钮，吸取天空的颜色作为暗对比度颜色。

提示：单击“高反差”对话框左上方的按钮，可切换为按钮，此时将只显示“预览”窗口；再次单击按钮，切换为按钮，此时可以同时显示“源素材”和“预览”两个窗口。

3）在“伽玛值调整”选项组中拖动滑块精确调整对比值，如图 1-326 所示。

4）单击“预览”按钮，即可看到应用图像前后的对比效果。如果要撤销当前设置，可以单击“重置”按钮。

5）设置完毕，单击“确定”按钮，即可将设置应用到当前的位图图像上，结果如图 1-327 所示。

图 1-325　白桦树.jpg

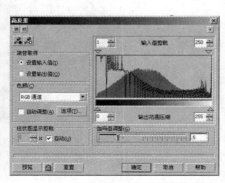

图 1-326　调整“高反差”参数

图 1-327　调整参数后的效果

2. 局部平衡

使用"局部平衡"命令，可以提高边缘颜色的对比度，从而显示明亮区域和暗色区域中的细节。使用"局部平衡"命令来调整颜色的具体操作步骤如下：

1）执行菜单中的"文件|导入"命令（或者单击工具栏中的 （导入）按钮），导入配套光盘"素材及结果\第1章CorelDRAW X4基础知识\宁静的水乡.jpg"图片，如图1-328所示。

图1-328　宁静的水乡.jpg

2）利用工具箱中的 （挑选工具）选择导入的位图对象。然后执行菜单中的"效果|调整|局部平衡"命令，在弹出的"局部平衡"对话框中拖动"宽度"和"高度"中的滑块可以调整对比度区域的范围，如果单击两个滑块之间的 按钮，可以解除锁定，从而使高度和宽度的变化不受比例的限制。此时将"宽度"和"高度"值均设为200，如图1-329所示。

3）单击"预览"即可看到应用图像前后的对比效果。如果要撤销当前设置，可以单击"重置"按钮。

4）设置完毕，单击"确定"按钮，即可将设置应用到当前的位图图像上，结果如图1-330所示。

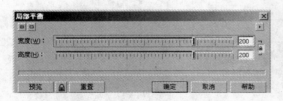

图1-329　设置"局部平衡"参数

图1-330　调整参数后的效果

3. 取样／目标平衡

使用"取样／目标平衡"命令，可以根据从图像中选取的色样来调整位图中的颜色值。可以从图像中的黑色、中间色调以及浅色部分选取色样，并将目标颜色应用于每个色样。使用"取样／目标平衡"命令来调整颜色的具体操作步骤如下：

1）执行菜单中的"文件|导入"命令（或者单击工具栏中的 (导入) 按钮），导入配套光盘"素材及结果\第 1 章 CorelDRAW X4 基础知识\采蜜.jpg"图片，如图 9-331 所示。

2）利用工具箱中的 (挑选工具) 选择导入的位图对象。然后执行菜单中的"效果|调整|取样／目标平衡"命令，在弹出的"取样／目标平衡"对话框中单击 (暗调吸管) 按钮吸取图片右侧的颜色作为暗调颜色；单击 (中间调吸管) 按钮吸取图片中部的颜色作为高光颜色；单击 (高光吸管) 按钮吸取图片兰花中的白色作为高光颜色，如图 9-332 所示。

> 提示：如果此时在窗口中无法完整地显示图片，可以通过在"源素材"窗口单击鼠标右键，缩小视图；
> 单击鼠标左键，放大视图。

3）单击"预览"按钮，即可看到应用图像前后的对比效果。如果要撤销当前设置，可以单击"重置"按钮。

4）设置完毕，单击"确定"按钮，即可将设置应用到当前的位图图像上，结果如图 9-333 所示。

图 1-331　采蜜.jpg　　　　图 1-332　调整"取样／目标平衡"参数　　　图 1-333　调整参数后的效果

4．调合曲线

使用"调合曲线"命令，可以通过控制单个像素值来精确地调整图像中阴影、中间调和高光的颜色。使用"调合曲线"命令来调整颜色的具体操作步骤如下：

1）执行菜单中的"文件|导入"命令（或者单击工具栏中的 (导入) 按钮），导入配套光盘"素材及结果\第 1 章 CorelDRAW X4 基础知识\纳木错.jpg"图片，如图 1-334 所示。

2）利用工具箱中的 (挑选工具) 选择导入的位图对象。然后执行菜单中的"效果|调整|调合曲线"命令，在弹出的"调合曲线"对话框中的"曲线选项"的"样式"下拉列表中可以选择"曲线"、"线性"、"手绘"和"伽玛值"中的一种，然后即可在右侧通过拖动曲线得到不同的调合效果，此时选择的是"手绘"，再绘制曲线样式。接着单击 平衡(B) 按钮，对设置的曲线进行改正，使明暗对比始终保持平衡，如图 1-335 所示。

3）设置完毕后，单击"确定"按钮，即可将设置应用到当前位图图像上，结果如图 1-336 所示。

图 1-334　纳木错.jpg

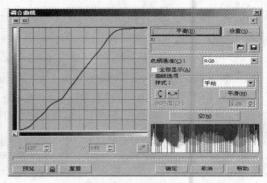

图 1-335　选择"手绘"

图 1-336　调整参数后的效果

5. 亮度／对比度／强度

使用"亮度／对比度／强度"命令，可以调整所有颜色的亮度以及明亮区域与暗色区域之间的差异。使用"亮度／对比度／强度"命令来调整颜色的具体操作步骤如下：

1）执行菜单中的"文件 | 导入"命令（或者单击工具栏中的 🖫（导入）按钮），导入配套光盘"素材及结果 \ 第 1 章 CorelDRAW X4 基础知识 \ 新疆.jpg"图片，如图 1-337 所示。

2）利用工具箱中的 ▷（挑选工具）选择导入的位图对象。然后执行菜单中的"效果 | 调整 亮度／对比度／强度"命令，在弹出的"亮度／对比度／强度"对话框中"亮度"滑块可以调整图像的明度程度，取值范围为 –100~100；"对比度"滑块可以调整图像的对比度，取值范围为 –100~100；"强度"滑块可以调整图像的色彩强度，取值范围为 –100~100。此时将"亮度"设为 –30，"对比度"设为 35，"强度"设为 15，如图 1-338 所示。

图 1-337　新疆.jpg

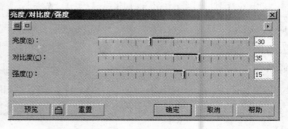

图 1-338　调整"取样／目标平衡"参数

3）设置完毕后，单击"确定"按钮，即可将设置应用到当前位图图像，结果如图 1-339所示。

图 1-339　调整参数后的效果

6. 颜色平衡

使用"颜色平衡"命令，可以对主色（RGB）和辅助色（DMY）的互补色的阴影、中间色调等颜色段进行调整，从而获得图像的颜色平衡效果。使用"颜色平衡"命令来调整颜色的具体操作步骤如下：

1）执行菜单中的"文件 | 导入"命令（或者单击工具栏中的 （导入）按钮），导入配套光盘"素材及结果\第 1 章 CorelDRAW X4 基础知识\乡村.jpg"图片，如图 1-340 所示。

2）利用工具箱中的 （挑选工具）选择导入的位图对象。然后执行菜单中的"效果 | 调整 | 颜色平衡"命令，在弹出的"颜色平衡"对话框中调整参数如图 1-341 所示。

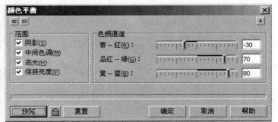

图 1-340　乡村.jpg　　　　　　　　　图 1-341　调整"颜色平衡"对话框

3）设置完毕，单击"确定"按钮，即可将设置应用到当前的位图图像上，结果如图 1-342所示。

7. 伽玛值

使用"伽玛值"命令可以在较低对比度区域强化细节而不会影响阴影或高光。使用"伽玛值"来调整颜色的具体操作步骤如下：

1）执行菜单中的"文件 | 导入"命令（或者单击工具栏中的 （导入）按钮），导入配套光盘"素材及结果\第 1 章 CorelDRAW X4 基础知识\红叶.jpg"图片，如图 1-343 所示。

图 1-342 调整参数后的效果   图 1-343 红叶.jpg

2）利用工具箱中的 （挑选工具）选择导入的位图对象。然后执行菜单中的"效果 | 调整 | 伽玛值"命令，在弹出的"伽玛值"对话框中可以通过拖动"伽玛值"滑块调整伽玛值，数值越大，则中间色调就越浅；数值越小，则中间色调就越深。此时将"伽玛值"设为 2，如图 1-344 所示。

3）单击"确定"按钮，即可将设置应用到当前位图图像上，结果如图 1-345 所示。

图 1-344 调整"伽玛值"参数   图 1-345 调整参数后的效果

8. 色度 / 对比度 / 亮度

使用"色度 / 对比度 / 亮度"命令，可以调整位图中的色频通道，并更改色谱中颜色的位置，从而更改颜色及其浓度。使用"色度 / 对比度 / 亮度"命令来调整颜色的具体操作步骤如下：

1）执行菜单中的"文件 | 导入"命令（或者单击工具栏中的 （导入）按钮），导入配套光盘"素材及结果 \ 第 1 章 CorelDRAW X4 基础知识 \ 蝴蝶兰.jpg"图片，如图 1-346 所示。

2）利用工具箱中的 （挑选工具）选择导入的位图对象。然后执行菜单中的"效果 | 调整 | 色度 / 对比度 / 亮度"命令，在弹出的"色度 / 对比度 / 亮度"对话框的"色频通道"选项区中选择"主对象"、"红"、"黄"、"绿"、"青"、"兰"、"品红"、"灰色"可分别对相关通道进行单独调整。通过拖动"色度"、"饱和度"和"亮度"滑块，可以得到不同的图像效果。此时选择"主对象"，将"色度"设为 –100，将"饱和度"和"亮度"设为 0，如图 1-347 所示。

3）单击"确定"按钮，即可将设置应用到当前的位图图像上，结果如图 1-348 所示。

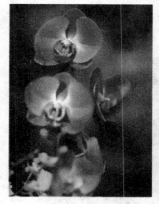
图 1-346　蝴蝶兰.jpg

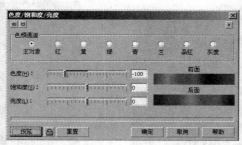
图 1-347　调整"色度/对比度/亮度"参数

图 1-348　调整参数后的效果

9. 所选颜色

使用"所选颜色"命令，可以通过在色谱范围中改变（CMYK）颜色百分比来获得位图的颜色效果。使用"所选颜色"命令来调整颜色的具体操作步骤如下：

1）执行菜单中的"文件 | 导入"命令（或者单击工具栏中的 （导入）按钮），导入配套光盘"素材及结果 \ 第 1 章 CorelDRAW X4 基础知识 \ 室外效果.jpg"图片，如图 1-349 所示。

2）利用工具箱中的 （挑选工具）选择导入的位图对象。然后执行菜单中的"效果 | 调整 | 所选颜色"命令，在弹出的"所选颜色"对话框的"颜色谱"选项区中选择要调整的颜色。此时选择"红"。接着在"调整"选项区通过拖动"青"、"品红"、"黄"和"黑"中的滑块，来调整这些颜色的数值，如图 1-350 所示。

图 1-349　室外效果.jpg

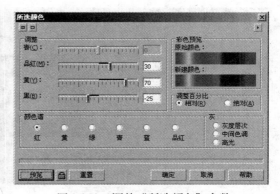
图 1-350　调整"所选颜色"参数

3）设置完成后，单击"确定"按钮，即可将设置应用到当前位图图像上，结果如图 1-351 所示。

10. 替换颜色

使用"替换颜色"命令，可以在图像中选择一种颜色并创建一个颜色遮罩，然后用新的颜色替换图像中的颜色。使用"替换颜色"命令来调整颜色的具体操作步骤如下：

1）执行菜单中的"文件 | 导入"命令（或者单击工具栏中的 ▣（导入）按钮），导入配套光盘"素材及结果 \ 第 1 章 CorelDRAW X4 基础知识 \ 向日葵.jpg"图片，如图 1-352 所示。

图 1-351　调整参数后的效果

图 1-352　向日葵.jpg

2）利用工具箱中的 ▸（挑选工具）选择导入的位图对象。然后执行菜单中的"效果 | 调整 | 替换颜色"命令，在弹出的"替换颜色"对话框的"原颜色"下拉列表中选择一种颜色或使用 ✎（吸管工具）在图像中吸取一种颜色，此时选择的是黄色。这时在"颜色遮罩"窗口中可以看到该颜色所创建的遮罩。

3）在"新建颜色"下拉列表中选择一种颜色或使用 ✎（吸管工具）在图像中吸取一种新颜色，此时选择的是红色，如图 1-353 所示。

4）设置完成后，单击"确定"按钮，即可将设置应用到当前位图图像上，结果如图 1-354 所示。

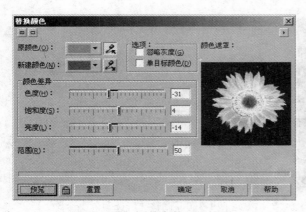

图 1-353　调整参数后的效果

图 1-354　向日葵.jpg

11. 取消饱和

使用"取消饱和"命令，可以将位图中每种颜色的饱和度降为 0，移除色度组件，并将每种颜色转换为与其相对应的灰度。这样会创建灰度黑白效果，而不会更改颜色模型。使用"取消饱和"命令来调整颜色的具体操作步骤如下：

1）执行菜单中的"文件 | 导入"命令（或者单击工具栏中的 ▣（导入）按钮），导入配套

光盘"素材及结果\第 1 章 CorelDRAW X4 基础知识\莲蓬.jpg"图片，如图 1-355 所示。

2）利用工具箱中的 ▧（挑选工具）选择导入的位图对象。然后执行菜单中的"效果|调整|取消饱和"命令，即可完成此操作，结果如图 1-356 所示。

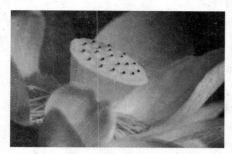

图 1-355　调整参数后的效果

图 1-356　莲蓬.jpg

12. 通道混合器

使用"通道混合器"命令，可以通过混合色频通道来平衡位图的颜色。使用"通道混合器"命令来调整颜色的具体操作步骤如下：

1）执行菜单中的"文件|导入"命令（或者单击工具栏中的 ▧（导入）按钮），导入配套光盘"素材及结果\第 1 章 CorelDRAW X4 基础知识\地貌.jpg"图片，如图 1-357 所示。

2）利用工具箱中的 ▧（挑选工具）选择导入的位图对象。然后执行菜单中的"效果|调整|通道混合器"命令，在弹出的"通道混合器"对话框的"色彩模型"下拉列表中选择一种颜色模式，在"输出通道"下拉列表中选择要调整的颜色通道，在"输入通道"选项区中拖动滑块调整"青"、"品红"、"黄"和"黑"的比例，如图 1-358 所示。

图 1-357　地貌.jpg

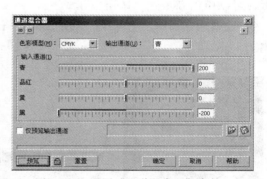

图 1-358　设置"通道混合器"参数

3）调整参数后，单击"预览"按钮，即可看到应用图像前后的对比效果。如果要撤销当前设置，可以单击"重置"按钮。

4）设置完成后，单击"确定"按钮，即可将设置应用到当前位图图像，结果如图 1-359 所示。

图 1-359　调整参数后的效果

1.9.4 位图滤镜效果

在 CorelDRAW X4 中可以对位图添加 10 类位图处理滤镜，而每一类滤镜又包含多个滤镜效果。通过使用这些滤镜可以使图像产生多种特殊变化。下面就来具体讲解这些滤镜的使用方法。

1. 三维效果

"三维效果"类滤镜包括 7 种滤镜，如图 1-360 所示。用于创建逼真的三维纵深感的效果。下面以"三维旋转"、"浮雕"、"卷页"、"挤远/挤近"和"球面"5 种滤镜为例，来介绍"三维效果"类滤镜的使用。

图 1-360 "三维效果"类滤镜

（1）三维旋转

使用"三维旋转"滤镜可以改变所选位图的视角，在水平和垂直方向上旋转位图。设置"三维旋转"滤镜效果的具体操作步骤如下：

1）执行菜单中的"文件|导入"命令（或者单击工具栏中的 📲（导入）按钮），导入配套光盘"素材及结果\第 1 章 CorelDRAW X4 基础知识\栀子花.jpg"图片，如图 1-361 示。

2）利用工具箱中的 ▷（挑选工具）选择导入的位图对象。然后执行菜单中的"位图|三维效果|三维旋转"命令，在弹出的"三维旋转"对话框中设置参数如图 1-362 所示。

> 提示：也可在左侧三维框中拖动鼠标来直观地设置三维旋转效果。

3）调整参数后单击"预览"按钮，即可看到应用图像前后的对比效果。如果要撤销当前设置，可以单击"重置"按钮。

4）设置完毕，单击"确定"按钮，即可将设置应用到当前位图图像上，结果如图 1-363 所示。

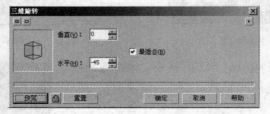

图 1-361 栀子花.jpg　　　图 1-362 设置"三维旋转"参数　　　图 1-363 三维效果

（2）浮雕

使用"浮雕"滤镜可以使位图产生一种被雕刻的效果。设置浮雕效果的具体操作步骤如下：

1）执行菜单中的"文件|导入"命令（或者单击工具栏中的 按钮），导入配套光盘"素材及结果\第1章 CorelDRAW X4基础知识\乌镇.jpg"图片，如图1-364所示。

2）利用工具箱中的 选择导入的位图对象。然后执行菜单中的"位图|三维效果|浮雕"命令，在弹出的"浮雕"对话框中设置参数如图1-365所示，单击"确定"按钮，结果如图1-366所示。

　　提示：如果在"浮雕色"选项组中选择别的颜色，则可以根据选择的浮雕色产生浮雕效果。图1-367为选择"灰色"产生的浮雕效果。

图1-364　乌镇.jpg

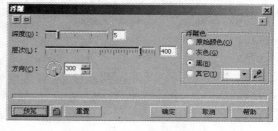

图1-365　设置"浮雕"参数

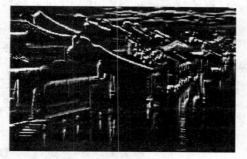

图1-366　黑色浮雕效果

图1-367　白色浮雕效果

（3）卷页

用"卷页"滤镜可以使位图产生一种翻页效果。设置"卷页"滤镜效果的具体操作步骤如下：

1）执行菜单中的"文件|导入"命令（或者单击工具栏中的 按钮），导入配套光盘"素材及结果\第1章 CorelDRAW X4基础知识\丛林美景.jpg"图片，如图1-368所示。

2）利用工具箱中的 选择导入的位图对象。然后执行菜单中的"位图|三维效果|卷页"命令，在弹出的"卷页"对话框中左面有4个用来选择页面卷角的按钮，单击一种按钮，即可确定一种卷角方式；在"定向"选项区中可以

图1-368　丛林美景.jpg

选择页面卷曲的方向；在"纸张"选项区中可以选择纸张卷角的"不透明"或"透明的"单选按钮；在"颜色"选项区中可以设置"卷角"的颜色和"背景"颜色；在"宽度"和"高度"滑块中拖动滑块，可以设置卷页的卷曲位置。此时设置参数如图1-369所示，单击"确定"按钮，结果如图1-370所示。

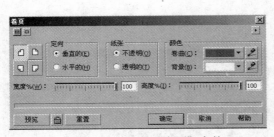

图1-369　调整"卷页"参数

图1-370　卷页效果

（4）挤远/挤近

使用"挤远/挤近"滤镜可以从中心弯曲位图。设置"挤远/挤近"滤镜效果的具体操作步骤如下：

1）执行菜单中的"文件|导入"命令（或者单击工具栏中的 （导入）按钮），导入配套光盘"素材及结果\第1章 CorelDRAW X4基础知识\柿子椒.jpg"图片，如图1-371所示。

2）利用工具箱中的 （挑选工具）选择导入的位图对象。然后执行菜单中的"位图|三维效果|挤远/挤近"命令，在弹出的"挤远/挤近"对话框中将数值设为100，如图10-372所示，单击"确定"按钮，结果如图1-373所示。

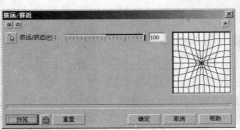

图1-371　柿子椒.jpg　　　图1-372　调整"挤远/挤近"参数　　　图1-373　挤近效果

3）如果在"挤远/挤近"对话框中将数值设为-100，单击"确定"按钮，结果如图1-374所示。

图 1-374　挤远效果

（5）球面

使用"球面"滤镜可以将对象扭曲成具有球面的视觉效果。设置"球面"滤镜效果的具体操作步骤如下：

1）执行菜单中的"文件|导入"命令（或者单击工具栏中的 ▣（导入）按钮），导入配套光盘"素材及结果\第 1 章 CorelDRAW X4 基础知识\暮色.jpg"图片，如图 1-375 所示。

2）利用工具箱中的 ▨（挑选工具）选择导入的位图对象。然后执行菜单中的"位图|三维效果|球面"命令，在弹出的"球面"对话框中设置"百分比"为 25，如图 1-376 所示，单击"确定"按钮，结果如图 1-377 所示。

图 1-375　暮色.jpg

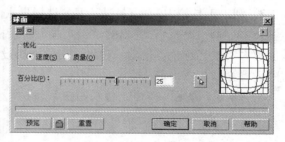

图 1-376　调整"球面"参数

图 1-377　球面效果

2. 艺术笔触

"艺术笔触"类滤镜包括14种滤镜，如图1-378所示。用于模拟类似于现实世界中不同表现手法所产生的奇特效果。下面以"炭笔画"和"水彩画"两种滤镜为例，来介绍"艺术笔触"类滤镜的使用。

（1）炭笔画

使用"炭笔画"滤镜可以模拟炭笔绘画的艺术效果。设置"炭笔画"滤镜效果的具体操作步骤如下：

1）执行菜单中的"文件|导入"命令（或者单击工具栏中的 （导入）按钮），导入配套光盘"素材及结果\第1章 CorelDRAW X4基础知识\足球.jpg"图片，如图1-379所示。

图1-378　"艺术笔触"类滤镜　　　　　　　　　　图1-379　足球.jpg

2）利用工具箱中的 （挑选工具）选择导入的位图对象。然后执行菜单中的"位图|艺术笔触|炭笔画"命令，在弹出的"炭笔画"对话框中拖动"大小"右侧滑块设置炭笔的大小，数值越大，炭笔越粗；拖动"边缘"右侧滑块设置位图对比度，数值越大，对比度越大。此时的设置参数如图1-380所示。

3）单击"确定"按钮，结果如图1-381所示。

图1-380　设置"炭笔画"参数　　　　　　　　　图1-381　炭笔画效果

（2）水彩画

使用"水彩画"滤镜可以模拟传统水彩画的艺术效果。设置"水彩画"滤镜效果的具体操作步骤如下：

1）执行菜单中的"文件|导入"命令（或者单击工具栏中的 按钮），导入配套光盘"素材及结果\第 1 章 CorelDRAW X4 基础知识\野花.jpg"图片，如图 1-382 所示。

2）利用工具箱中的 选择导入的位图对象。然后执行菜单中的"位图|艺术笔触|水彩画"命令，在弹出的"水彩画"对话框中拖动"画刷大小"右侧滑块设置笔刷的大小，数值越大，细节越粗糙；拖动"粒状"右侧滑块设置画笔的粒度，数值越小，画面越细腻；拖动"水量"右侧滑块设置用水量，数值越大，水分越多，画面越柔和；拖动"出血"右侧滑块，设置画笔的速度，数值越大，画面层次越不明显；拖动"亮度"右侧滑块设置亮度，数值越大，位图的光照强度越强。此时设置参数如图 1-383 所示。

3）单击"确定"按钮，结果如图 1-384 所示。

 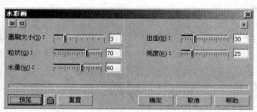 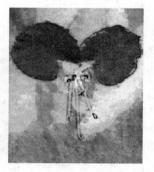

图 1-382　野花.jpg　　　　图 1-383　设置"水彩画"参数　　　　图 1-384　"水彩画"效果

3. 模糊

"模糊"类滤镜包括 9 种滤镜，如图 1-385 所示。可以使图像模糊，从而模拟渐变、拖动或杂色效果。下面以"高斯式模糊"、"动态模糊"和"放射式模糊"3 种滤镜为例介绍"模糊"类滤镜的使用。

（1）高斯式模糊

使用"高斯式模糊"滤镜可以使位图图像中的像素向四周扩散，通过像素的混合产生一种高斯模糊的效果。设置"高斯式模糊"滤镜效果的具体操作步骤如下：

1）执行菜单中的"文件|导入"命令（或者单击工具栏中的 按钮），导入配套光盘"素材及结果\第 1 章 CorelDRAW X4 基础知识\菊花.jpg"图片，如图 1-386 所示。

2）利用工具箱中的 选择导入的位图对象。然后执行菜单中的"位图|模糊|高斯式模糊"命令，在弹出的"高斯式模糊"对话框中拖动"半径"右侧滑块设置图像像素的扩散半径，此时设置"半径"为 5，如图 1-387 所示。

图 1-385　"模糊效果"类滤镜

3）单击"确定"按钮，结果如图1-388所示。

图1-386　菊花.jpg　　　　　图1-387　设置"高斯模糊"参数　　　　图1-388　"高斯模糊"效果

（2）动态模糊

使用"动态模糊"滤镜可以模拟运动的方向和速度，还可以模拟风吹效果。设置"动态模糊"滤镜效果的具体操作步骤如下：

1）执行菜单中的"文件|导入"命令（或者单击工具栏中的 (导入)按钮），导入配套光盘"素材及结果\第1章 CorelDRAW X4基础知识\玫瑰.jpg"图片，如图1-389所示。

2）利用工具箱中的 (挑选工具)选择导入的位图对象。然后执行菜单中的"位图|模糊|动态模糊"命令，在弹出的"动态模糊"对话框中拖动"间隔"滑块设置间隔像素值；在"方向"框中设置模糊角度；在"图像外围取样"选项区中选择一种方式。此时设置参数如图1-390所示。

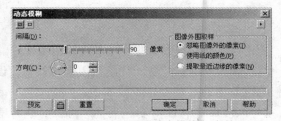

图1-389　玫瑰.jpg　　　　　　　图1-390　设置"动态模糊"参数

3）单击"确定"按钮，结果如图1-391所示。

（3）放射式模糊

使用"放射式模糊"滤镜可以从图像中心处产生同心旋转的模糊效果，只留下局部不完全模糊的区域，从而产生一种特殊模糊效果。设置"放射式模糊"滤镜效果的具体操作步骤如下：

1）执行菜单中的"文件 | 导入"命令（或者单击工具栏中的 📧（导入）按钮），导入配套光盘"素材及结果 \ 第 1 章 CorelDRAW X4 基础知识 \ 稻田.jpg"图片，如图 1-392 所示。

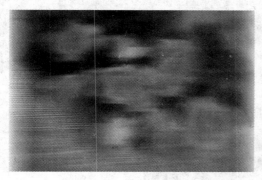

图 1-391　"动态模糊"效果　　　　　　　　　　　图 1-392　稻田.jpg

2）利用工具箱中的 ▶（挑选工具）选择导入的位图对象。然后执行菜单中的"位图 | 模糊 | 放射式模糊"命令，在弹出的"放射式模糊"对话框中拖动"数量"滑块，可以设置模糊效果的程度；单击 📧（中心定位）按钮，在预览窗口中单击，可以确定图像上放射式模糊的中心。此时设置参数如图 1-393 所示。

3）单击"确定"按钮，结果如图 1-394 所示。

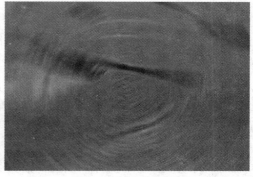

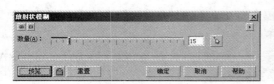

图 1-393　设置"放射式模糊"参数　　　　　　　　图 1-394　"放射式模糊"效果

4. 相机

"相机效果"类滤镜可以模拟由扩散透镜或扩散过滤器产生的效果。该类滤镜只有"扩散"一种滤镜，利用该滤镜可以通过扩散图像中的像素来产生一种类似于相继扩散镜头焦距的柔化效果。设置"扩散"滤镜效果的具体操作步骤如下：

1）执行菜单中的"文件 | 导入"命令（或者单击工具栏中的 📧（导入）按钮），导入配套光盘"素材及结果 \ 第 1 章 CorelDRAW X4 基础知识 \ 白玉兰.jpg"图片，如图 1-395 所示。

2）利用工具箱中的 ▶（挑选工具）选择导入的位图对象。然后执行菜单中的"位图 | 相机"命令，在弹出的"扩散"对话框中拖动"层次"右侧滑块可以设置扩散焦距的程度。此时设置"层次"数值为 98，如图 1-396 所示。

图 1-395　白玉兰.jpg

图 1-396　设置"扩散"参数

3）单击"确定"按钮，结果如图 1-397 所示。

图 1-397　"扩散"效果

5. 颜色转换

"颜色转换"类滤镜包括 4 种滤镜，如图 1-398 所示。可以通过减少或替换颜色来创建摄影幻觉的效果。下面以"半色调"和"曝光"滤镜为例，来介绍"颜色转换"类滤镜的使用。

（1）半色调

"半色调"滤镜可以将位图中的连续色调转换为大小不同的点，从而产生半色调网点效果。设置"半色调"滤镜效果的具体操作步骤如下：

1）执行菜单中的"文件|导入"命令，导入配套光盘"素材及结果\第 1 章 CorelDRAW X4 基础知识\加拿大风光.jpg"图片，如图 1-399 所示。

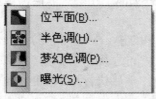

图 1-398　"颜色转换"类滤镜

图 1-399　加拿大风光.jpg

2）利用工具箱中的 ▨（挑选工具）选择导入的位图对象。然后执行菜单中的"位图|颜色转换|半色调"命令，在弹出的"半色调"对话框中拖动"青"、"品红"、"黄"和"黑"滑块可以调整对应颜色通道中的网点角度；拖动"最大点半径"滑块可以设置半调网点的最大半径。此时设置参数如图 1-400 所示。

3）单击"确定"按钮，结果如图 1-401 所示。

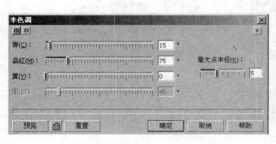

图 1-400　设置"半色调"参数　　　　　　　图 1-401　"半色调"效果

（2）曝光

"曝光"滤镜可以将位图产生照片曝光不足或曝光过度的效果。设置"曝光"滤镜效果的具体操作步骤如下：

1）执行菜单中的"文件|导入"命令（或者单击工具栏中的 ▨（导入）按钮），导入配套光盘"素材及结果\第 1 章 CorelDRAW　X4 基础知识\三青山.jpg"图片，如图 1-402 所示。

2）利用工具箱中的 ▨（挑选工具）选择导入的位图对象。然后执行菜单中的"位图|颜色转换|曝光"命令，在弹出的"曝光"对话框中拖动"层次"滑块可以设置曝光程度，数值越大，曝光效果越明显。此时设置"层次"数值为 255，如图 1-403 所示。

图 1-402　三青山.jpg　　　　　　　　　图 1-403　设置"曝光"参数

3）单击"确定"按钮，结果如图 1-404 所示。

6. 轮廓图

"轮廓图"类滤镜包括 3 种滤镜，如图 1-405 所示。可以用来突出和增强凸现的边缘。下面以"查找边缘"滤镜为例介绍"轮廓图"类滤镜的使用。

图 1-404 "曝光"效果

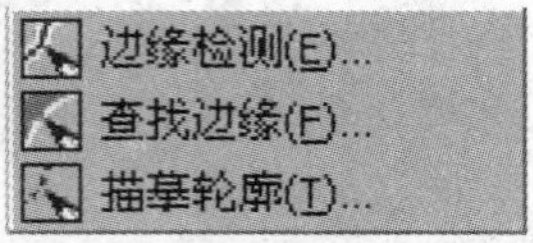

图 1-405 "轮廓图"类滤镜

"查找边缘"滤镜可以找到位图图像的边缘，并将边缘转换为线条。设置"查找边缘"滤镜效果的具体操作步骤如下：

1）执行菜单中的"文件|导入"命令（或者单击工具栏中的 ▣（导入）按钮），导入配套光盘"素材及结果\第1章 CorelDRAW X4 基础知识\德国风光.jpg"图片，如图 1-406 所示。

2）利用工具箱中的 ▣（挑选工具）选择导入的位图对象。然后执行菜单中的"位图|"轮廓图|"查找边缘"命令，在弹出的"查找边缘"对话框的"边缘类型"选项区中可以选择描边的类型为"软"或"纯色"；拖动"层次"滑块可以设置描边的范围值，设置参数后单击"预览"按钮，即可看到应用图像前后的对比效果，如图 1-407 所示。

图 1-406 德国风光.jpg

图 1-407 设置"查找边缘"参数

3）单击"确定"按钮，结果如图 1-408 所示。

图 1-408 "查找边缘"效果

7. 创造性

"创造性"类滤镜包括 14 种滤镜，如图 1-409 所示。该类滤镜可以仿真晶体、玻璃、织物等材质表面，使位图产生马赛克、颗粒、扩散等效果，还可以模拟雨、雪、雾等天气。下面以"工艺"、"虚光"和"天气"3 种滤镜为例介绍"创造性"类滤镜的使用。

（1）工艺

"工艺"滤镜可以使位图产生拼图板、齿轮、弹珠、糖果、瓷砖、筹码等拼板的效果。设置"工艺"滤镜效果的具体操作步骤如下：

1）执行菜单中的"文件 | 导入"命令（或者单击工具栏中的  （导入）按钮），导入配套光盘"素材及结果 \ 第 1 章 CorelDRAW X4 基础知识 \ 比利时风光.jpg"图片，如图 1-410 所示。

图 1-409   "创造性"类滤镜　　　　　图 1-410   比利时风光.jpg

2）利用工具箱中的 （挑选工具）选择导入的位图对象。然后执行菜单中的"位图 | 创造性 | 工艺"命令，在弹出的"工艺"对话框的"样式"下拉框中可以选取拼板样式，提供的选项有拼图板、齿轮、弹珠、糖果、瓷砖、筹码；拖动"大小"滑块可以设置单元大小；拖动"亮度"滑块可以设置位图亮度，数值越大，光线越亮；拖动"旋转"滑块可以设置拼图转角。此时设置参数如图 1-411 所示。

3）单击"确定"按钮，结果如图 1-412 所示。

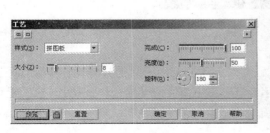

图 1-411   设置"工艺"参数　　　　　图 1-412   "工艺"效果

（2）虚光

"虚光"滤镜可以产生边缘虚化的晕光。设置"虚光"滤镜效果的具体操作步骤如下：

1）执行菜单中的"文件|导入"命令（或者单击工具栏中的 （导入）按钮），导入配套光盘"素材及结果\第1章 CorelDRAW X4 基础知识\森林.jpg"图片，如图 1-413 所示。

2）利用工具箱中的 （挑选工具）选择导入的位图对象。然后执行菜单中的"位图|创造性|虚光"命令，在弹出的"虚光"对话框的"颜色"选项区中可以选取虚光的颜色为黑色、白色或其他颜色，也可以单击 按钮后拾取位图或左上方的源素材窗口中选取虚光的颜色；在"形状"选项区中可以选取虚光的形状为"椭圆形"、"圆形"、"矩形"或"正方形"；在"调整"选项区可以拖动"偏移"右侧滑块设置虚光的大小；拖动"褪色"右侧滑块可以设置渐隐强度。此时设置参数如图 1-414 所示。

图 1-413　森林.jpg

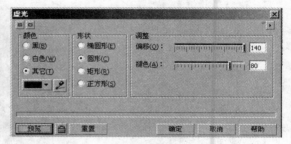

图 1-414　设置"虚光"参数

3）单击"确定"按钮，结果如图 1-415 所示。

图 1-415　"虚光"效果

（3）天气

"天气"滤镜可以产生雨、雪、雾的效果。设置"天气"滤镜效果的具体操作步骤如下：

1）执行菜单中的"文件|导入"命令（或者单击工具栏中的 （导入）按钮），导入配套光盘"素材及结果\第1章 CorelDRAW X4 基础知识\暮色.jpg"图片，如图 1-416 所示。

2）利用工具箱中的 （挑选工具）选择导入的位图对象。然后执行菜单中的"位图|创造性|天气"命令，在弹出的"天气"对话框的"预报"选项组中可以选取产生天气方式为雪、雨或雾；拖动"浓度"右侧滑块可以设置天气效果的强度；拖动"大小"右侧滑块可以设置雨、雪或雾的颗粒大小；如果单击"随机化"按钮，可以直接产生新随机化度，也可以直接键入随机化数。此时设置参数如图 1-417 所示。

图 1-416　暮色.jpg

图 1-417　设置"天气"参数

3）单击"确定"按钮，结果如图 1-418 所示。

图 1-418　"天气"效果

8. 扭曲

"扭曲"类滤镜包括 10 种滤镜，如图 1-419 所示。该类滤镜可以使位图产生扭曲变形的效果。下面以"置换"和"龟裂纹"两种滤镜为例介绍"扭曲"类滤镜的使用。

（1）置换

"置换"滤镜可以选用图案替换位图区域中的像素产生置换效果。设置"置换状"滤镜效果的具体操作步骤如下：

1）执行菜单中的"文件|导入"命令（或者单击工具栏中的 （导入）按钮），导入配套光盘"素材及结果\第 1 章 CorelDRAW X4 基础知识\杏.jpg"图片，如图 1-420 所示。

2）利用工具箱中的 （挑选工具）选择导入的位图对象。然后执行菜单中的"位图|扭曲|置换"命令，在弹出的"置换"对话框"缩放模式"选项组中选取缩放模式为平铺或伸展适合；在"缩放"选项组中拖动"水平"和"垂直"滑块可以设置水平和垂直方向的变形位置；单击右侧图案，可以在下拉列表中选择一种置换图案。此时设置参数如图 1-421 所示。

3）单击"确定"按钮，结果如图 1-422 所示。

图 1-419 "扭曲"类滤镜

图 1-420 杏.jpg

图 1-421 设置"置换"参数

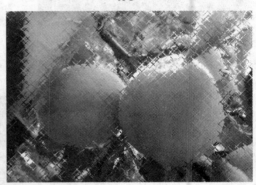

图 1-422 "置换"效果

（2）龟纹

"龟纹"滤镜可以产生波纹变形的扭曲效果。设置"波纹"滤镜效果的具体操作步骤如下：

1）执行菜单中的"文件 | 导入"命令，导入配套光盘"素材及结果 \ 第 1 章 CorelDRAW X4 基础知识 \ 比利时风光.jpg"图片，如图 1-423 所示。

图 1-423 比利时风光.jpg

2）利用工具箱中的 （挑选工具）选择导入的位图对象。然后执行菜单中的"位图 | 扭曲

| 龟纹"命令，在弹出的"龟纹"对话框的"主波纹"选项组中拖动"周期"右侧滑块可以设置主波的周期；拖动"振幅"右侧滑块可以设置主波的振幅；如果选中"垂直波纹"复选框，可以在"振幅"右侧设置垂直波的振幅；如果勾选"扭曲龟纹"复选框，可以在"角度"滑钮中设置扭曲的角度。此时设置参数如图 1-424 所示。

3）单击"确定"按钮，结果如图 1-425 所示。

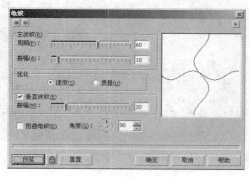

图 1-424　设置"龟纹"参数

图 1-425　"龟纹"效果

9. 杂点

"杂点"类滤镜包括 6 种滤镜，如图 1-426 所示。下面以"添加杂点"和"去除杂点"两种滤镜为例介绍"杂点"类滤镜的使用。

（1）添加杂点

"添加杂点"滤镜可以在位图图像中产生颗粒状的效果。设置"添加杂点"滤镜效果的具体操作步骤如下：

1）执行菜单中的"文件 | 导入"命令（或者单击工具栏中的 ▦（导入）按钮），导入配套光盘"素材及结果 \ 第 1 章 CorelDRAW X4 基础知识 \ 月色.jpg"图片，如图 1-427 所示。

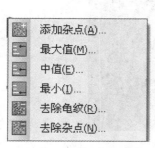

图 1-426　"杂点"类滤镜

图 1-427　月色.jpg

2）利用工具箱中的 ▯（挑选工具）选择导入的位图对象。然后执行菜单中的"位图 | 杂点 | 添加杂点"命令，在弹出的"添加杂点"对话框的"杂点"类型选项组中可以选择要添加的"杂点类型"，提供的选项有高斯式、尖突、匀称；拖动"层次"右侧滑块可以设置杂点产生

效果；拖动"密度"右侧滑块可以设置杂点产生的密度；在"颜色模式"选项组中设置杂点的颜色模式。此时设置参数如图 1-428 所示。

3）单击"确定"按钮，结果如图 1-429 所示。

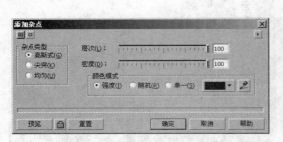

图 1-428 设置"龟纹"参数

图 1-429 "龟纹"效果

（2）去除杂点

"去除杂点"滤镜可以在位图中移除杂点。设置"去除杂点"滤镜效果的具体操作步骤如下：

1）执行菜单中的"文件|导入"命令（或者单击工具栏中的 ▣（导入）按钮），导入配套光盘"素材及结果\第 1 章 CorelDRAW X4 基础知识\挪威风光.jpg"图片，如图 1-430 所示。

图 1-430 挪威风光.jpg

2）利用工具箱中的 ▨（挑选工具）选择导入的位图对象。然后执行菜单中的"位图|杂点|去除杂点"命令，在弹出的"去除杂点"对话框中设置参数，如图 1-431 所示。

3）单击"确定"按钮，结果如图 1-432 所示。

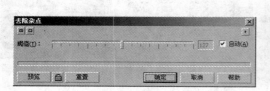

图1-431　设置"去除杂点"参数　　　　　　图1-432　"去除杂点"效果

10. 鲜明化

"鲜明化"类滤镜包括5种滤镜，如图1-433所示。该类滤镜可以增强相邻像素间的对比度，从而达到位图的鲜明效果。下面以"鲜明化"滤镜为例介绍"鲜明化"类滤镜的使用。

"鲜明化"滤镜可以增强相邻像素间的对比度，得到位图的鲜明效果。设置"鲜明化"滤镜效果的具体操作步骤如下：

1）执行菜单中的"文件|导入"命令（或者单击工具栏中的 按钮），导入配套光盘"素材及结果\第1章 CorelDRAW X4基础知识\坝上.jpg"图片，如图1-434所示。

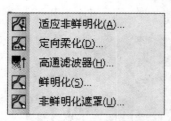

图1-433　"鲜明化"类滤镜　　　　　　　　图1-434　坝上.jpg

2）利用工具箱中的 选择导入的位图对象。然后执行菜单中的"位图|鲜明化|鲜明化"命令，在弹出的"鲜明化"对话框中拖动"边缘层次"右侧滑块可以设置边缘锐化程度；拖动"阈值"右侧滑块可以设置边缘锐化的阈值，数值越大，保留原像素信息越多。此时设置参数如图1-435所示。

3）单击"确定"按钮，结果如图1-436示。

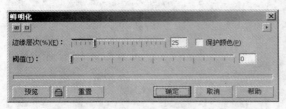

图1-435 设置"鲜明化"参数　　　　　　　　图1-436 "鲜明化"效果

1.10 课后练习

1. 填空题

（1）CorelDRAw X4中的渐变填充包括_____、_____、_____和_____4种色彩渐变类型。

（2）在CorelDRAW X4中交互式工具包括_____、_____、_____、_____、_____、_____和_____7种。

2. 选择题

（1）使用（　　）滤镜可以制作出如图1-437所示的效果。

A. 放射式模糊　　　　　B. 动态模糊　　　　　C. 高斯式模糊　　　　　D. 形状模糊

（1）使用（　　）滤镜可以制作出如图1-438所示的效果。

A. 织物　　　　　　　B. 置换　　　　　　　C. 梦幻色调　　　　　D. 工艺

图1-437 滤镜效果1　　　　　　　　　　　图1-438 滤镜效果2

3. 简答题

（1）简述直线和曲线的绘制与编辑方法。

（2）简述文本的创建与编辑方法。

第2章 CorelDRAW X4新增功能

本章重点:

CorelDraw X4 与 CorelDraw X3 相比,加入了大量新特性,其中最主要的有文本格式实时预览、字体识别、页面无关层控制、交互式工作台控制等。通过本章内容的学习应掌握CorelDRAW X4 一些主要的新增功能。

2.1 文本格式的实时预览功能

CorelDRAW X4 新增了文本格式实时预览功能,通过该功能可以对文字大小、字体、段落和格式等属性进行实时预览,如图 2-1 所示。

图 2-1 选择不同字体时的实时预览功能

2.2 表格的合并和拆分功能

在 CorelDRAW X4 中可以像在 Word 中一样合并和拆分单元格,具体操作步骤如下:

1)利用工具箱中的▦(表格工具)绘制一个表格,如图 2-2 所示。

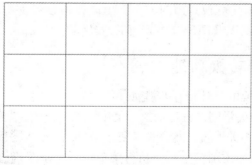

图 2-2 绘制表格

2)合并单元格。方法:利用▦(表格工具)框选中要合并的单元格,如图 2-3 所示,然后

在属性栏中单击 🔳（合并选定单元格）按钮，即可将选中单元格进行合并，如图2-4所示。

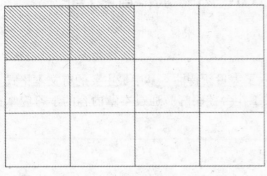
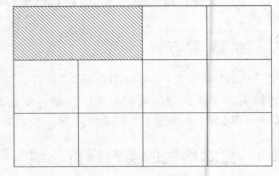

图2-3　选中要合并的单元格　　　　　　图2-4　合并单元格后的效果

3）拆分单元格。方法：利用 🔳（表格工具）框选中要合并的单元格，如图2-4所示，然后在属性栏中单击 🔳（拆分单元格为指定行数）按钮，接着在弹出的"拆分单元格"对话框中设置要拆分的行数，如图2-5所示，单击"确定"按钮，结果如图2-6所示。

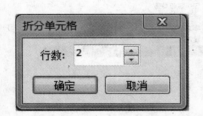

图2-5　设置要拆分的行数　　　　　　图2-6　将单元格拆分为2行后的效果

2.3　增强的页面控制功能

在CorelDRAW X4中页面可独立控制大小、出血线和参考线等。主页面层可作为共享页面，它里面的参考线、位图以及图形等内容可共享给其他页面。

2.4　点阵图和矢量图转换功能

进行点阵图和矢量图转换的具体操作步骤如下：

1）将导入的位图转换为矢量图。方法：执行菜单中的"位图|描摹位图"中的相关命令，然后在弹出的对话框中进行相关设置，如图2-7所示，即可将位图识别为线性的矢量图。

2）将绘制的矢量图转换为位图。方法：执行菜单中的"位图|转换为位图"命令，在弹出的对话框中进行相应设置，如图2-8所示，单击"确定"按钮，即可将矢量图转换为位图。

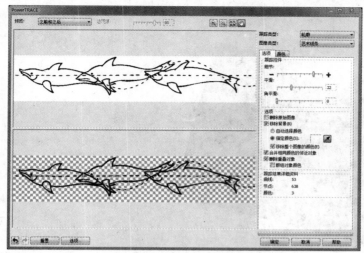

图 2-7　将位图描摹为线性的矢量图　　　　　　图 2-8　"转换为位图"对话框

2.5　字体识别功能

在 CorelDRAW X4 中，通过执行菜单中的"文本｜这是什么字体"命令，然后框选位图字体，如图 2-9 所示。然后可以直接在网上搜索到相同或相似的字体，如图 2-10 所示。

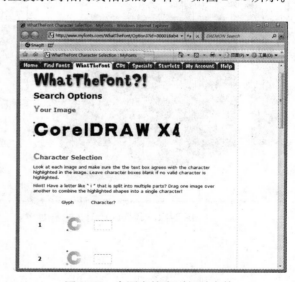

图 2-9　框选要识别的字体　　　　　　图 2-10　在网上搜索到相关字体

2.6　图片的倾斜度调整功能

在 CorelDRAW X4 中，对于导入的倾斜的扫描图片或照片，可以进行倾斜度的调整。进行倾斜度调整的具体操作步骤如下：

1）执行菜单中的"文件｜导入"命令，导入配套光盘"素材及结果｜第 2 章 CorelDRAW

X4 新增功能 | 素材.jpg", 如图 2-11 所示。

图 2-11　导入素材

　　2) 执行菜单中的"位图 | 矫正图像"命令, 在弹出的"矫正图像"对话框中调整旋转图像的角度, 如图 2-12 所示, 单击"确定"按钮, 结果如图 2-13 所示。

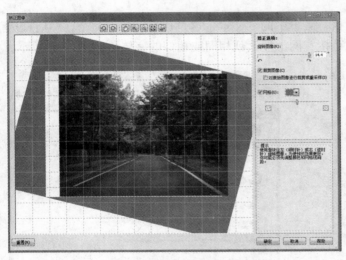

图 2-12　调整旋转图像的角度

图 2-13　调整后的效果

2.7　课后练习

　　简述 CorelDRAW X4 的主要新增功能。

第2部分　基础实例演练

■ 第3章　对象的创建与编辑

■ 第4章　直线与曲线的使用

■ 第5章　轮廓线与填充的使用

■ 第6章　文本的使用

■ 第7章　交互式工具的使用

■ 第8章　位图滤镜特效与透镜效果的使用

第3章 对象的创建与编辑

本章重点:

在 CorelDRAW X4 中,可以十分方便地创建出许多标准图形对象,并可以对其进行选择、复制、变换和对齐等操作。通过本章内容的学习应掌握对象的创建和编辑方法。

3.1 伞面设计

 要点:

本例将设计一个伞面,如图 3-1 所示。通过本例的学习应掌握辅助线、(椭圆工具)、(3 点椭圆工具)、(多边形工具)、(转换为曲线)、(形状工具)、(后减前)、旋转并复制、群组的综合应用。

图 3-1 伞面设计

操作步骤:

1.制作伞面图形

1)执行菜单中的"文件|新建"(快捷键〈Ctrl+N〉)命令,新建一个 CorelDRAW 文档。

2)执行菜单中的"视图|标尺"命令,调出标尺,然后从标尺处拉出水平和垂直两条参考线,如图 3-2 所示。

3)选择工具箱中的(椭圆工具),配合键盘上的〈Ctrl+Shift〉键,绘制一个以参考线交叉点为中心的正圆形。然后在属性栏中设置圆形直径为 95mm,如图 3-3 所示。

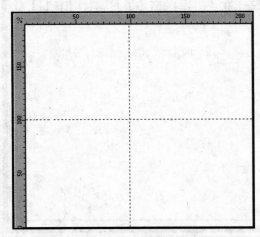

图 3-2 拉出水平和垂直两条参考线

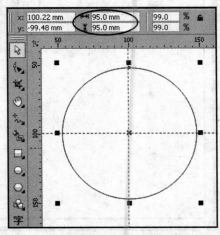

图 3-3 绘制直径为 95mm 的正圆

4）在属性栏中单击 ⊙（饼形）按钮，然后设置 ⊙ 为 315.0， ⊙ 为 0.0，结果如图 3-4 所示。

5）选择工具箱中的 ⊙（3 点椭圆工具），并在属性栏中单击 ⊙（椭圆）按钮后，再在柄形图的两个角点之间绘制一个椭圆，使它的两个端点与饼形的两个角点重合，如图 3-5 所示。

6）选中绘制的 3 点椭圆，单击属性栏中的 ⊙（转换为曲线）按钮，将其转换为曲线。然后利用工具箱中的 ⊙（形状工具）调整转换为曲线的椭圆形状，如图 3-6 所示。

7）按住键盘上的〈Shift〉键，加选前面绘制的饼形，然后单击属性栏中的 ⊙（后减前）按钮，结果如图 3-7 所示。

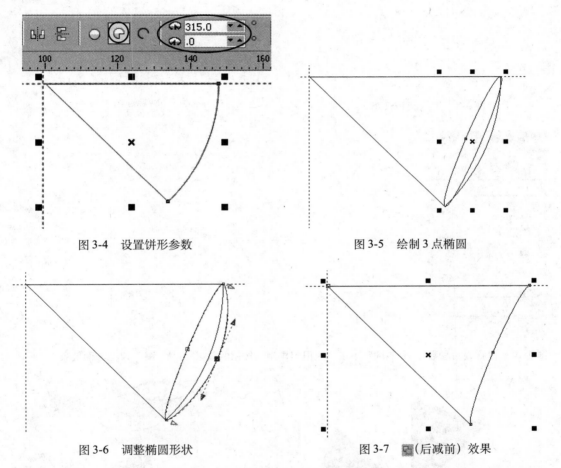

图 3-4　设置饼形参数　　　　　　　图 3-5　绘制 3 点椭圆

图 3-6　调整椭圆形状　　　　　　图 3-7　 ⊙（后减前）效果

8）在修剪后的图形上再单击鼠标进入旋转状态，如图 3-8 所示。然后将旋转中心移动到辅助线的交叉点处，如图 3-9 所示。

9）执行菜单中的"窗口|泊坞窗|变换|旋转"命令，调出"旋转"泊坞窗。然后设置参数如图 3-10 所示，单击"应用到再制"按钮，结果如图 3-11 所示。

10）再次单击"应用到再制"按钮 6 次，旋转复制出 6 个副本，结果如图 3-12 所示。

11）利用工具箱中 ⊙（挑选工具），配合键盘上的〈Shift〉键，在绘图区中每隔一个选中一个饼形，然后在默认的 CMYK 调色板中单击红色框，结果如图 3-13 所示。

2．制作伞面上的标志

1）选择工具箱中的 (多边形工具)，然后在属性栏中将多边形边数设为 4，接着在绘图区中绘制图形，并将填充色设为"蓝"色，轮廓色设为"无"色，结果如图 3-14 所示。

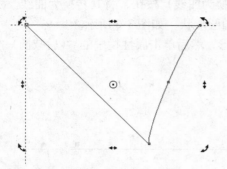

图 3-8　进入旋转状态

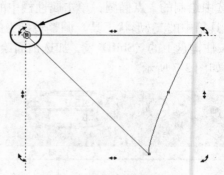

图 3-9　调整旋转中心

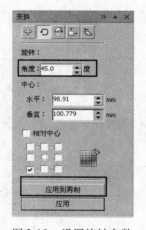

图 3-10　设置旋转参数

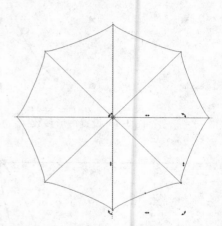

图 3-11　单击"应用到再制"按钮的效果　　图 3-12　伞面效果

图 3-13　填充颜色

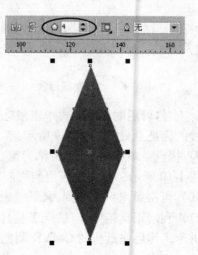

图 3-14　绘制四边形

2）利用工具箱中 ▣（挑选工具）选中绘制的四边形，然后在"旋转"泊坞窗中设置参数如图 3-15 所示。单击"应用到再制"按钮，结果如图 3-16 所示。

3）利用工具箱中 ▣（挑选工具）同时选中两个四边形，然后在在"旋转"泊坞窗中设置参数如图 3-17 所示，单击"应用到再制"按钮，结果如图 3-18 所示。

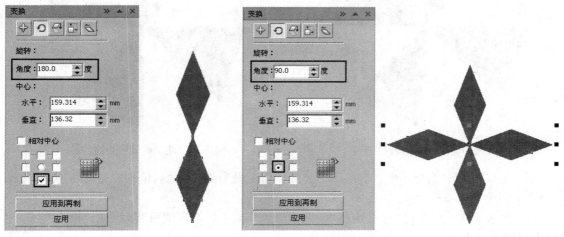

图 3-15　设置旋转参数　　图 3-16　复制效果　　图 3-17　调整旋转参数　　图 3-18　复制效果

4）群组图形。方法：利用工具箱中 ▣（挑选工具）同时选中 4 个四边形，执行菜单中的"排列|群组"命令，将他们组成一个整体，如图 3-19 所示。

5）在"旋转"泊坞窗中将群组图形的旋转角度设为 65°，并对其进行适当缩小后放置到伞面上，结果如图 3-20 所示。

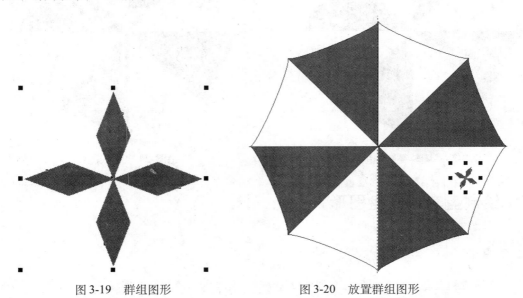

图 3-19　群组图形　　　　　　图 3-20　放置群组图形

6）在群组后的图形上再单击鼠标进入旋转状态，如图 3-21 所示。然后将旋转中心移动到辅助线的交叉点处，如图 3-22 所示。

图 3-21　进入旋转状态

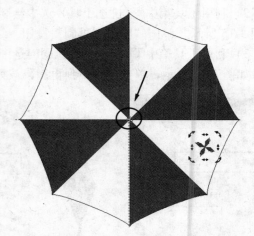

图 3-22　调整旋转中心的位置

7）在"旋转"泊坞窗中将群组图形的旋转角度设为 45°，然后单击"应用到再制"按钮 7 次，结果如图 3-23 所示。

8）利用工具箱中 （挑选工具）同时选中红色伞面中的群组图形，将填充色设为"白"色，结果如图 3-24 所示。

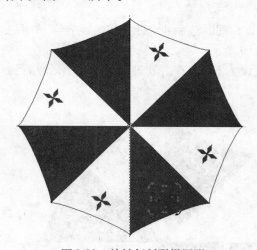

图 3-23　旋转复制群组图形

图 3-24　最终效果

3.2　绘制盘套和光盘图形

🍄 **要点：**

本例将绘制盘套和光盘图形，如图 3-25 所示。通过本例的学习应掌握 ▢（椭圆工具）、▢（矩形工具）、▢（交互式阴影工具）、▢（交互式透明度工具）、"对齐和分布"命令和"图框精确剪裁"命令的综合应用。

1）执行菜单中的"文件|新建"（快捷键〈Ctrl+N〉）命令，新建一个 CorelDRAW 文档。然后在属性栏中设置纸张宽度与高度为 150mm × 150mm。

2）绘制矩形。方法：利用工具箱中的 ▢（矩形工具）绘制一个矩形，然后在属性面板中将其大小设为 114mm × 114mm，将右边矩形的边角圆滑度设为 6，结果如图 3-26 所示。接着在默认 CMYK 调色板中左键单击"浅蓝光紫"色，从而将其填充色设为"浅蓝光紫"色。最后右键单击 ⊠（色块），将轮廓色设为无色，结果如图 3-27 所示。

图 3-25　绘制盘套和光盘图形

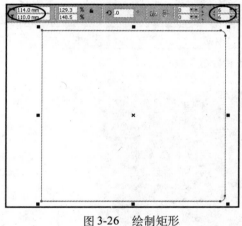

图 3-26　绘制矩形

图 3-27　填充矩形

3）同理，绘制一个大小为 14.15mm × 110mm 的矩形，并在属性栏中设置左边矩形的边角圆滑度为 6，如图 3-28 所示。然后将其填充色设为浅紫色，即颜色参考值为 CMYK（0，20，0，0），轮廓色设为无色，接着将其移动到适当位置，结果如图 3-29 所示。

图 3-28　将左边矩形的边角圆滑度设为 6

图 3-29　将矩形移动到适当位置

4）绘制盘套上的缝隙。方法：利用工具箱中的▣（矩形工具），绘制一个大小为2.5mm×3mm的矩形，然后将其填充为深棕色，即颜色参考值为CMYK（0，60，0，60），轮廓色设为无色。接着按小键盘上的〈+〉键18次，从而复制出18个深棕色小矩形。再利用对齐与分布面板将它们垂直等距分布，如图3-30所示。最后框选所有的小矩形单击属性栏中的▦（群组）按钮，将它们群组，结果如图3-31所示。

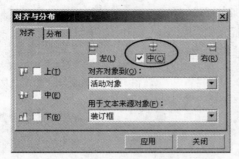 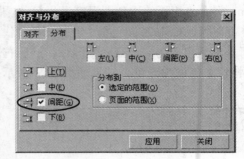

图3-30　设置对齐和分布参数

图3-31　绘制盘套上的缝隙

5）制作封套上的小孔。方法：利用工具箱中的◯（椭圆工具）绘制一个5mm×5mm的椭圆，然后按小键盘上的〈+〉键复制3个椭圆，接着利用对齐与分布面板将它们垂直等距分布，结果如图3-32所示。最后同时选中左侧矩形和4个小圆，在属性栏中单击▣（后减前）按钮，结果如图3-33所示。

6）制作小孔的阴影效果。方法：利用工具箱中的◯（椭圆工具）绘制两个5mm×5mm的正圆形，放置位置如图3-34所示。然后同时选中两个正圆形，在属性栏中单击▣（后减前）按钮。接着将▣（后减前）后的图形的填充色设为深紫色，即颜色参考值为CMYK（0，60，0，60），轮廓色设为无色，结果如图3-35所示。最后按小键盘上的〈+〉键3次，复制3个图形，并利用对齐和分布面板将它们垂直等距分布，结果如图3-36所示。

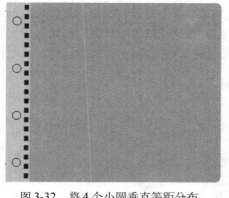

图 3-32　将 4 个小圆垂直等距分布

图 3-33　（后减前）效果

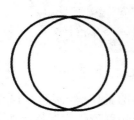

图 3-34　绘制两个椭圆

图 3-35　设置填充和轮廓

图 3-36　垂直等距分布效果

7）绘制光盘。方法：利用工具箱中的 （椭圆本工具）绘制 5 个正圆形，并设置它们的大小分别为 108.8m × 108.8mm，104.4mm × 104.4mm，40mm × 40mm，37mm × 37mm，28mm × 28mm，填充色分别为白色，CMYK（0，0，10，0），CMYK（0，0，10，0），40% 黑和白色。然后设置前 3 个圆的轮廓宽度为 0.5mm，颜色为黑色，后两个圆的轮廓为无色，结果如图 3-37 所示。

图 3-37　绘制光盘

8）制作光盘中心的透明效果。方法：将组成光盘的 5 个圆进行群组，然后再绘制一个大小为 14.6mm × 14.6mm 的正圆形，如图 3-38 所示。接着同时选择群组后的光盘图形和正圆形，在属性栏中单击 ▣（后减前）按钮，最后将光盘移动到图 3-39 所示的位置，此时可以看到光盘的中心部分的透明效果。

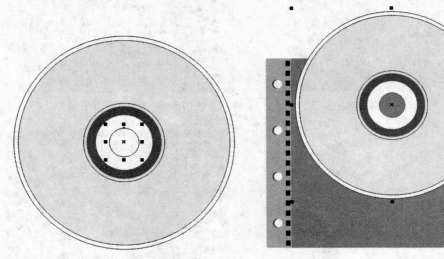

图 3-38　绘制小圆　　　　　　　　　　　图 3-39　光盘的中心部分的透明效果

9）制作光盘透明部分的阴影效果。方法：利用工具箱中的 ▣（椭圆工具）绘制两个 14.5mm × 14.5mm 的正圆形，放置位置如图 3-40 所示。然后同时选中两个正圆形，在属性栏中单击 ▣（后减前）按钮。接着将 ▣（后减前）后的图形的填充色设为紫红色，即颜色参考值为 CMYK（0，80，0，0），轮廓色设为无色，结果如图 3-41 所示。最后按小键盘上的〈+〉键 3 次，复制 3 个图形，并利用对齐和分布面板将它们垂直等距分布，结果如图 3-42 所示。

图 3-40　绘制两个正圆形　　　图 3-41　设置填充和轮廓色　　　图 3-42　光盘透明部分的阴影效果

10）制作盘套正面图形。方法：利用工具箱中的▣（矩形工具）绘制 3 个矩形，大小分别为 20mm × 103mm，114mm × 82mm，20mm × 103mm，放置位置如图 3-43 所示。然后同时选中 3 个矩形，在属性栏中单击▣（焊接）按钮，结果如图 3-44 所示。接着绘制两个 38mm × 38mm 的正圆形，放置位置如图 3-45 所示，再选中所有作为封套正面的图形，在属性栏中单击▣（焊接）按钮，结果如图 3-46 所示。最后绘制一个 38mm × 38mm 的正圆形，放置位置如图 3-47 所示，再选中所有作为封套正面的图形，单击▣（后减前）按钮，结果如图 3-48 所示。

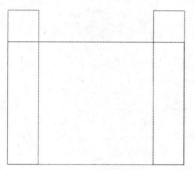

图 3-43　绘制 3 个矩形

图 3-44　焊接后效果

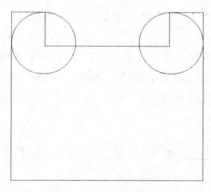

图 3-45　绘制两个正圆形

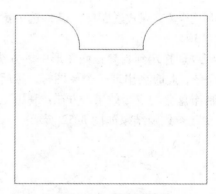

图 3-46　焊接后效果

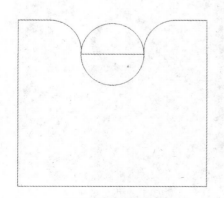

图 3-47　绘制正圆形

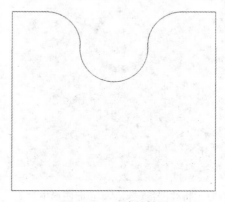

图 3-48　后减前效果

11）制作黄色纹理图形。方法：利用工具箱中的▫️（矩形工具）绘制一个182mm × 182mm 的矩形，然后将其填充色设为浅黄色，轮廓色设为无色。再按小键盘上的〈+〉键18次，从而复制出25个小矩形。接着利用对齐与分布面板将它们垂直等距分布，如图3-49所示。再框选所有的小矩形单击属性栏中的▦（群组）按钮，将它们群组。最后双击群组后的图形，将它们旋转一定角度，结果如图3-50所示。

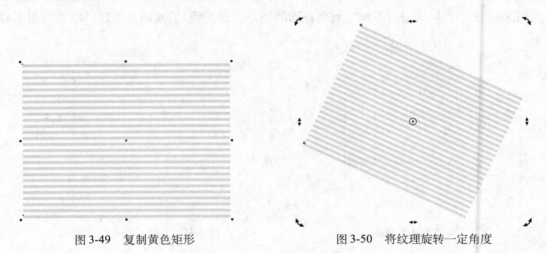

图3-49　复制黄色矩形　　　　　　　　　　　图3-50　将纹理旋转一定角度

12）利用 ▣（交互式透明度工具）选中黄色纹理，然后将"透明度类型"设为标准，"透明度"设为30。

13）将纹理指定到封套正面图形中。方法：执行菜单中的"效果|图框精确剪裁|放置在容器中"命令，此时会出现一个➡图标，然后单击作为盘套正面的图形，结果如图3-51所示。

14）制作盘套的投影效果。方法：利用工具箱中的 ▫️（交互式阴影工具）选中盘套正面图形，然后设置参数及结果如图3-52所示。

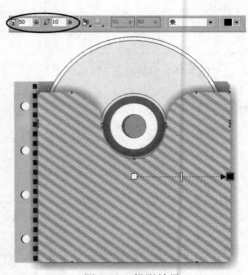

图3-51　将纹理指定到封套正面图形中去　　　　图3-52　投影效果

3.3　扇子效果

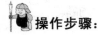

要点：

本例将制作一把折扇，如图 3-53 所示。通过本例的学习应掌握"变换"泊坞窗、（底纹填充对话框）、（到图层后面）、（群组）等的综合应用。

图 3-53　扇子效果

操作步骤：

1．制作扇叶形状

1）执行菜单中的"文件 | 新建"（快捷键〈Ctrl+N〉）命令，新建一个 CorelDRAW 文档。

2）在属性栏中单击（横向）按钮，将工作区设置为横向，结果如图 3-54 所示。

3）绘制扇把。方法：利用工具箱中的（矩形工具）在绘图区中绘制一个宽度与高度为 85mm × 10mm 的矩形，如图 3-55 所示。

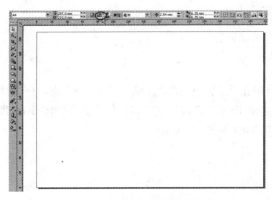

图 3-54　设置工作区为横向

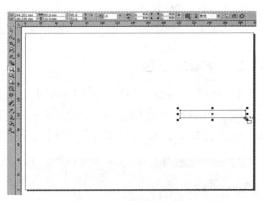

图 3-55　绘制长方形

4）为了能够分别调节矩形的节点，下面利用工具箱中的（挑选工具）选中矩形，然后单击属性栏中的（转换为曲线）按钮，将矩形转换为曲线。

5）选择工具箱中的（形状工具），框选矩形右边的两个节点，然后单击右键，从弹出的快捷菜单中选择"到曲线"命令。接着分别调整这两个节点的控制柄，从而改变曲线的形状，结果如图 3-56 所示。

6）绘制扇叶。方法：利用（矩形工具）在扇把的左面绘制成一个长方形，然后在属性栏中设置其宽度与高度为 82mm × 26mm，如图 3-57 所示。然后利用工具箱中的（挑选工具）选中长方形，然后在属性栏中单击（转换为曲线）按钮，将矩形转换为曲线。

7）利用工具箱中的（形状工具）分别选中长方形右面两个节点向内拖动，将其调整为梯形，如图 3-58 所示。

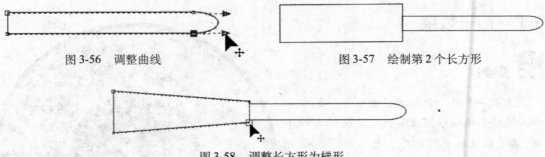

图 3-56　调整曲线　　　　　　　　　　　　图 3-57　绘制第 2 个长方形

图 3-58　调整长方形为梯形

8）绘制扇边。方法：利用 ▣（矩形工具）在扇叶的左面绘制一个矩形，然后在属性栏中设置矩形宽度与高度为 6mm × 26mm，镜像上与下各为（80，80），如图 3-59 所示。

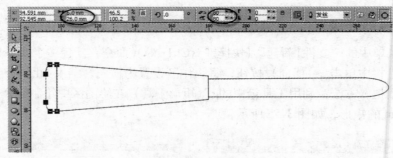

图 3-59　绘制扇边

2．给扇叶上色

1）利用 ▨（挑选工具）选中扇边图形，然后单击工具箱中的 ◇（填充工具）按钮，在弹出的隐藏工具中选择 ▨（底纹填充对话框），接着在弹出的"底纹填充"对话框设置如图 3-60 所示，设置完成后，单击"确定"按钮，结果如图 3-61 所示。

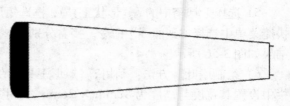

图 3-60　扇叶填充设置　　　　　　　　　　图 3-61　填充后的效果

2）同理，利用 （挑选工具）选中扇把图形，对其进行相同的底纹填充，结果如图 3-62 所示。

图 3-62　填充效果

3）利用 （挑选工具）选中扇叶图形，如图 3-63 所示。然后单击工具箱中的 （填充工具）按钮，在弹出的隐藏工具中选择 （填充对话框），接着在弹出的"均匀填充"对话框中设置参数，如图 3-64 所示，设置完成后，单击"确定"按钮，结果如图 3-65 所示。

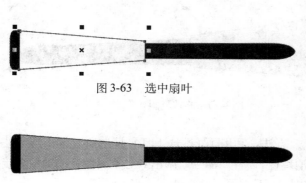

图 3-63　选中扇叶

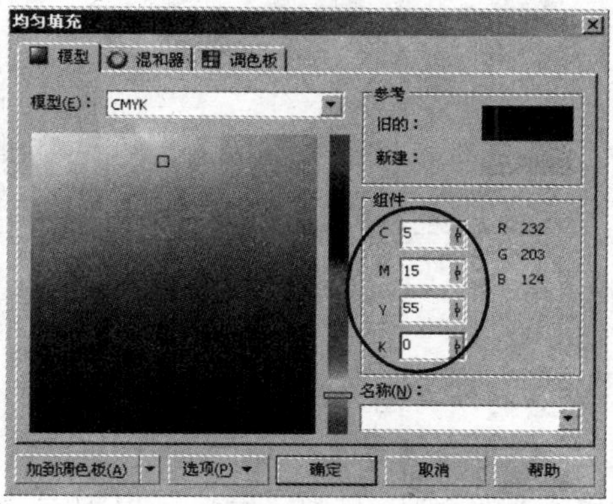

图 3-65　填充颜色

图 3-64　设置填充值

4）利用 （挑选工具）框选所有的图形（快捷键〈Ctrl+A〉），然后单击属性菜单的 （群组）命令，将所绘制的图形组成一个组。

5）调整中心点的位置。方法：为了便于定位，下面执行菜单中的"视图|标尺"命令，调出标尺。然后按住鼠标左键不放从垂直标尺处拖出 1 条辅助线到扇把的尾处，如图 3-66 所示。接着利用 （挑选工具）双击扇叶，使扇叶处于旋转状态如图 3-67 所示。最后按住鼠标左键不放，将中心点拖动到辅助线位置，如图 3-68 所示。

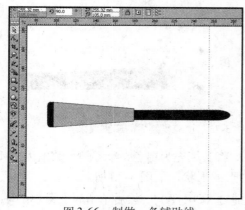

图 3-66　制做一条辅助线

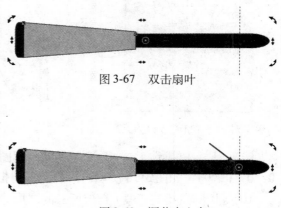

图 3-67　双击扇叶

图 3-68　调节中心点

6) 旋转复制整个扇叶图形。方法：利用 ▶ (挑选工具) 选中整个扇叶图形，执行菜单中的 "排列|变换|旋转" 命令，调出 "变换" 泊坞窗，并进入 "旋转" 选项卡。然后设置旋转角度值为 −4.0 度，如图 3-69 所示，设置完成后，单击 "应用到复制" 按钮，结果如图 3-70 所示。

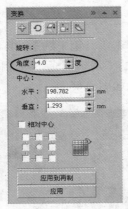

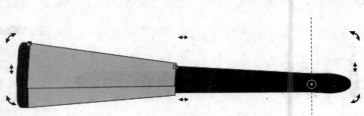

图 3-69　将旋转角度值设为-4.0°　　　　　　　　图 3-70　旋转复制效果

7) 将所有图形对象的轮廓宽度设为无。方法：利用 ▶ (挑选工具) 框选所有的图形 (快捷键 〈Ctrl+A〉)，然后执行菜单中的 "窗口|泊坞窗|属性" 命令，调出 "对象属性" 泊坞窗。接着单击 ◊ (轮廓) 后将 "宽度" 设为无，如图 3-71 所示，结果如图 3-72 所示。

8) 利用 ▶ (挑选工具) 选中复制的扇叶图形，将其填充为一种浅黄色，参考颜色数值为 CMYK (2，10，35，0)，填充后的结果如图 3-73 所示。

图 3-72　去除轮廓线效果

图 3-71　将轮廓宽度设为无　　　　　　　　图 3-73　填充复制后的扇页效果

9) 同理，▶ (挑选工具) 选中复制的扇把图形，将其填充为白色，参考颜色数值为 CMYK (0，0，0，0)，如图 3-74 所示。然后调整扇把图形的形状，如图 3-75 所示。

10) 利用 ▶ (挑选工具) 框选所有的图形 (快捷键 〈Ctrl+A〉)，然后单击属性菜单的 ☷ (群组) 命令，将所有绘制的图形组成一个组。

11）利用 ▶（挑选工具）双击扇叶图形，使其处于旋转状态如图 3-76 所示。然后按住鼠标左键不放，将中心点拖动到辅助线位置，如图 3-77 所示。接着在"变换"泊坞窗"旋转"选项卡中设置旋转角度值为 −8.0 度，如图 3-78 所示。再单击"应用到复制"按钮 20 次，从而复制出 20 个扇页，结果如图 3-79 所示。

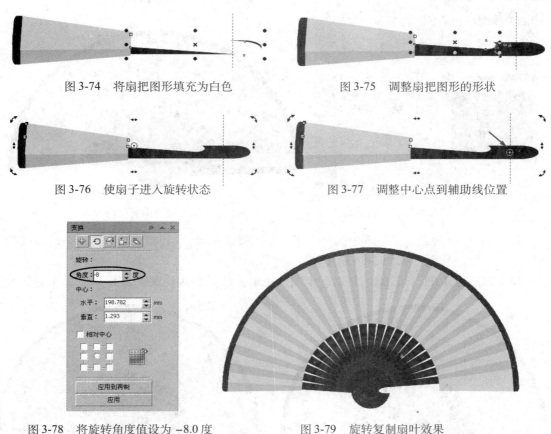

图 3-74 将扇把图形填充为白色   图 3-75 调整扇把图形的形状

图 3-76 使扇子进入旋转状态   图 3-77 调整中心点到辅助线位置

图 3-78 将旋转角度值设为 −8.0 度   图 3-79 旋转复制扇叶效果

12）利用 □（矩形工具）绘制一个与扇长等大的矩形，如图 3-80 所示。然后设置镜像值为（40，40，40，40），从而使之成为圆角矩形，调整该图形的位置，结果如图 3-81 所示。

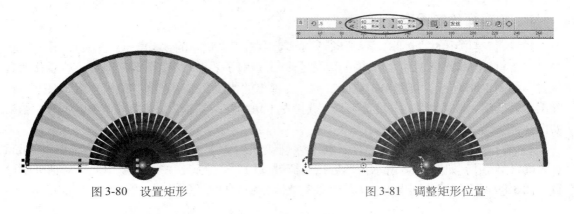

图 3-80 设置矩形   图 3-81 调整矩形位置

13）利用 （挑选工具）选中圆角矩形，然后单击工具箱中的 （填充工具）按钮，在弹出的隐藏工具中选择 （底纹填充对话框）。接着在弹出的"底纹填充"对话框设置"底纹填充"参数如图 3-82 所示，设置完成后，单击"确定"按钮，结果如图 3-83 所示。

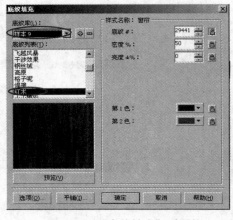

图 3-82 "底纹填充"对话框

图 3-83 填充扇边

14）利用 （挑选工具）选中圆角矩形，单击属性菜单 （到图层后面）命令，将该图形置于前一图层的后面，如图 3-84 所示。

15）按键盘上的〈+〉键，复制一个圆角矩形，然后将其放置到如图 3-85 所示的位置。

图 3-84 将扇边图形置于前一图层的后面

图 3-85 调整复制扇边的位置

3．给扇面绘制图案

1）执行菜单中的"文件 | 导入"命令（或者单击工具栏中的 （导入）按钮），导入配套光盘"素材及结果 \ 第 3 章 对象的创建与编辑 \ 3.3 扇子效果 \ 折扇图案"图片，然后移动其位置，如图 3-86 所示。接着单击鼠标右键，在弹出的快捷菜单中选择"取消群组"命令，解除图案的群组。最后利用 （挑选工具）选择左下角的花朵复制 2 朵花朵并调整其位置，结果如图 3-87 所示。

2）制作扇尾的中心图形。方法：利用 （椭圆形工具）在扇尾的中心位置绘制一个 8mm × 8mm 的圆形，如图 3-88 所示。然后按快捷键〈F11〉，在弹出的"渐变填充"对话框中设置如图 3-89 所示的双色圆锥渐变，双色参考数值分别为 CMYK（0，0，0，100）和 CMYK（0，

0，0，0），设置完成后，单击"确定"按钮，最终结果如图 3-53 所示。

图 3-86　导入图案

图 3-87　复制花朵并调整位置

图 3-88　绘制正圆形

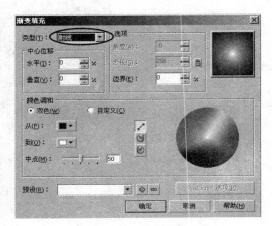

图 3-89　设置参数

3.4　课后练习

（1）制作如图 3-90 所示的色子效果。效果可参考配套光盘"素材及结果＼第 3 章 对象的创建与编辑＼3.4 课后练习＼练习 1＼练习 1.cdr"文件。

（2）制作如图 3-91 所示的拼图效果。效果可参考配套光盘"素材及结果＼第 3 章 对象的创建与编辑＼3.4 课后练习＼练习 2＼练习 2.cdr"文件。

图 3-90　练习 1 效果

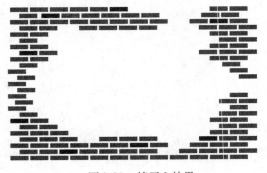

图 3-91　练习 2 效果

（3）制作如图3-92所示的海报效果。效果可参考配套光盘"素材及结果\第3章 对象的创建与编辑\3.4 课后练习\练习3\练习3.cdr"文件。

图3-92　练习3效果

第4章　直线与曲线的使用

本章重点：

在 CorelDRAW X4 中可以绘制各种直线和曲线，并可以对其进行编辑。通过本章内容的学习应掌握直线和曲线在实际中的具体应用。

4.1 海报设计

 要点：

本例将制作的是一幅日本风格的海报，如图 4-1 所示。海报中宁静的水面呈现出深暗的背景色调，而飘浮在黑暗之中的睡莲、莲叶以及闪烁的星光构成了梦幻般的情境。通过本例的学习应掌握 （手绘工具）、（贝塞尔工具）、（艺术笔工具）等绘图工具的使用，（交互式网格填充工具）、（交互式透明工具）、（交互式阴影工具）等的应用以及位图的转换与滤镜处理的方法。

图 4-1　海报设计

操作步骤：

1）执行菜单中的"文件｜新建"命令，新创建一个文件，设置属性栏纸张宽度与高度为 185mm × 260mm。

> 提示：本例只作为绘画风格的海报设计讲解，因此尺寸按照成品
> 进行了等比例缩小，矢量图形具有分辨率独立的特点，可
> 进行任意缩放而丝毫无损于品质。)

2）双击工具箱中的 □（矩形工具），生成一个与页面同样大小的矩形。然后单击工具箱中的 ◇（填充工具）组中的 ■（渐变）图标，弹出如图 4-2 所示的"渐变填充"对话框，在其中设置由"深蓝色 – 黑色"的线性渐变（从上至下），单击"确定"按钮后，矩形中填充上了如图 4-3 所示的渐变，构成画面深色调的背景。接着，再右键单击"调色板"中的 ⊠（无填充色块）取消边线的颜色。最后右击矩形色块，在弹出的菜单中选择"锁定对象"命令，将矩形锁定。

3）现在开始绘制画面中主要的构成元素——睡莲。它由许多独立的花瓣拼接而成，先来绘制一片花瓣。方法：利用工具箱中的 ☑（贝塞尔工具）绘制出如图 4-4 所示的闭合路径，这是一片花瓣的曲线形。使用 ☑（贝塞尔工具）是绘制光滑曲线的最好方法。画完之后，还可以应用工具箱中的 ☑（形状工具）继续调节节点和控制句柄，从而修改曲线的形状。

4）在花瓣内添加微妙变化的红色。方法：选择工具箱中的 ▦（交互式网状填充工具）花

瓣内部自动添加上了纵横交错的网格线，每次双击鼠标可以增加一个网格点。如图4-5所示，选中4个颜色相同的网格点（按住〈Shift〉键可以选中多个网格点），然后在"调色板"中选择相应的一种红色，参考颜色数值为CMYK（0，70，10，0）。通过这种上色的方式可以形成非常自然的色彩过渡。

> 提示：如果对一次调整的效果不满意，可以单击工具属性栏中的"清除网格"按钮，可将图形内的网格线和填充一同清除，仅剩下对象的边框。

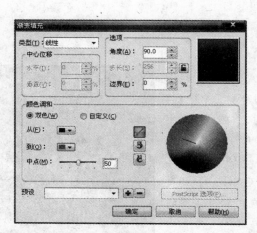

图4-2 设置由"深蓝色—黑色"线性渐变

图4-3 绘制矩形并填充渐变色

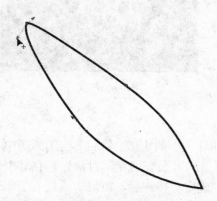

图4-4 绘制出一片花瓣的曲线形

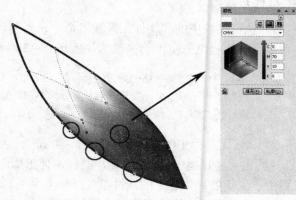

图4-5 选中多个网格点并上色

5）为了使颜色变化更加丰富，下面在适当的位置增加网格点。调节完成后，右键单击"调色板"中的☒（无填充色块）取消边线的颜色，效果如图4-6所示。

6）利用工具箱中的▨（贝赛尔工具）绘制出3片花瓣图形（每一片花瓣是一个闭合路径），然后利用▨（交互式网状填充工具）依次添加网格和修改颜色。此外，▨（交互式网状填充工具）不但可以改变对象的填充效果，还可以改变对象的外形。下面通过它移动花瓣边缘上的网格点，从而细致地调整花瓣的外形，如图4-7所示。

图 4-6 在适当的位置增加网格点　　　　图 4-7 再绘制出 3 片花瓣图形，并添加网格和修改颜色

7）将单独绘制的花瓣拼合在一起，通过菜单"排列｜顺序"的子菜单下的命令可以调整花瓣的前后排列顺序，如图 4-8 所示。同理，继续绘制更多的花瓣，注意花瓣的形态、大小和倾斜的角度都要有区别，然后将它们拼合在一起，放置到深暗的背景图上，如图 4-9 所示。

图 4-8 调整花瓣的前后排列顺序　　　　图 4-9 注意花瓣的形态、大小和倾斜的角度都要有区别

8）越往睡莲的内部，花瓣形态就越小，而且颜色越深。因此在绘制第 2 批花瓣图形时，颜色要注意选择深一些的品红和紫红色，然后将它们按照图 4-10 所示拼在花朵的中间区域。

图 4-10 越往睡莲的内部，花瓣形态就越小，而且颜色越深

9）靠前面的花瓣为了追求外形的自然，可以采用更加随意的 ![手绘工具]（手绘工具）来制作外形，手绘工具提供了最直接的绘制方法，就像使用铅笔在纸上绘画一样，通过拖动鼠标，我们画出如图4-11所示的花瓣外形，然后利用 ![交互式网状填充工具]（交互式网状填充工具）进行上色，但注意此花瓣与其他花瓣的区别在于中心亮而四周暗，因此先选中所有位于边缘的网格点，将它们设置为稍深一些的红色，参考颜色数值为CMYK（20，100，20，20），接着，将图形内部的网格点删除一些，只留下如图4-12所示的简单网格结构，中心网格点为浅一些的红色，参考颜色数值为CMYK（0，40，0，0）。

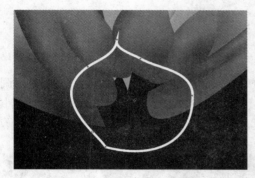 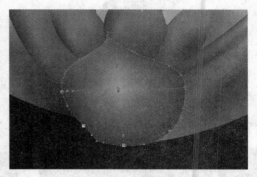

图4-11　画出位于前面的花瓣外形　　　　图4-12　将图形内部网格点进行简化

10）继续采用随意的 ![手绘工具]（手绘工具）来制作位于前面的花瓣外形，如图4-13所示。然后缩小视图后，观看一下整体效果，如图4-14所示。接着对花瓣的大小和位置进行全局的调整。例如位于左侧靠后的花瓣边缘显得过于生硬，可以使用工具箱中的 ![形状工具]（形状工具）对其外形进行修整，如图4-15所示。

11）添加上黄色的花蕊。方法：参照图4-16所示，绘制一个很小的圆形，并不断进行复制和拼接。然后将它们填充为深浅不一的黄色，并多次执行"排列｜顺序｜向后一层"命令，使它们移至花瓣丛中。接着利用 ![挑选工具]（挑选工具）将所有花瓣和花蕊图形都选中，按快捷键〈Ctrl+G〉组成群组。完成的睡莲效果如图4-17所示。

图4-13　利用手绘工具绘制外形随意的花瓣图形

图 4-14　对花瓣的大小和位置进行全局的调整

图 4-15　对边缘生硬的花瓣进行外形修整

图 4-16　添加上黄色的花蕊

图 4-17　最后完成的睡莲效果

12）睡莲画完后，将它移到背景图中，为了使它在视觉上产生飘浮在水面上的效果，我们还需为它制作一个倒影。方法：利用 （挑选工具）选中绘制好的睡莲图形，打开"变换"泊坞窗，在其中的设置如图 4-18 所示，单击"应用到再制"按钮，得到如图 4-19 所示的效果，睡莲图形在垂直方向上生成了一个镜像图形。

图 4-18　"变换"泊坞窗

图 4-19　睡莲图形在垂直方向上生成了一个镜像图形

13）由于投影需要进行虚化、淡出等操作，下面将其转换为位图图像。方法：选中制作出的镜像图形，执行菜单中的"位图｜转换为位图"命令，在弹出的对话框中的设置如图4-20所示。单击"确定"按钮，此时睡莲的镜像图形被转为位图，"位图"菜单下的大量滤镜功能都可以使用了。然后执行菜单中的"位图｜模糊｜高斯式模糊"命令，在弹出的"高斯式模糊"对话框中设置模糊"半径"为3像素，如图4-21所示。单击"确定"按钮，此时投影图形整体变得模糊了，如图4-22所示。

图4-20 "转换为位图"对话框

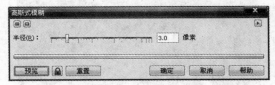

图4-21 "高斯式模糊"对话框中设置参数

图4-22 投影图形整体变得模糊

14）现在投影图形过于实，因此还需要做透明度方面的处理。方法：点中工具箱中的，在属性栏内最左侧下拉菜单中选择"线性"，然后从上至下拖拉一条直线，请注意直线的两端会有两个正方形控制柄，它们分别控制透明度的起点与终点。先点中位于下面的控制柄，在属性栏内将"透明中心点"设为100，再点中位于上面的控制柄，在属性栏内将"透明中心点"设为40，得到从上及下逐渐淡出到背景中去的效果，如图4-23所示。

15）睡莲图形与投影相衔接的部分似乎过于生硬，再耐心地进行投影的最后一步处理。方法：选择工具箱中的，参照如图4-24所示的位置由上至下拖拉一条直线，点中位于下面的控制柄，在属性栏内将"阴影的不透明度"设为88，"阴影羽化"设为24，"阴影颜色"为黑色。睡莲花朵之下形成了一圈半透明的黑色投影。

16）下面开始绘制画面中的另一个构成元素——莲叶，它的制作方法和前面绘制花瓣一样，基本制作思路都是：先使用工具箱中的或来制作莲叶外形，然后利用工具箱中的在莲叶内着色，通过这种上色的方式可以形成非常自然的色彩过渡。绘制方法此处不再累述，请读者参照图4-25所示选择不同的绿色系列，完成莲叶的制作。

图 4-23　逐渐淡出到背景中去的倒影效果　　图 4-24　在睡莲花朵之下形成了一圈半透明的黑色投影

图 4-25　绘制莲叶外形并用"交互式网状填充工具"添加不同的绿色

17）将莲叶图形移至背景图中，散放在如图 4-26 所示莲花的周围，但须注意，为了在视觉上形成水域的空间延伸感，一定要将放置在上方的莲叶缩小一些，以符合透视的关系。

18）为了防止莲叶图形之间的叠放显得生硬，每一片莲叶图形都要增加投影，但投影的方式和角度要稍有差别。方法：利用 ⬚（挑选工具）选中如图 4-27 所示位于中间的一片莲叶，然后利用 ⬚（交互式阴影工具）由左上至右下拖拉一条直线，点中位于下面的控制柄，在属性栏内将"阴影的不透明度"设为 70，"阴影羽化"设为 20，"阴影颜色"为黑色。莲叶右下方形成了一圈半透明的黑色投影。

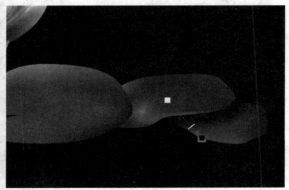

图 4-26　将莲叶图形移至背景图中，散放在莲花的周围　　图 4-27　在叶片下增加投影

19）远处的莲叶也采用 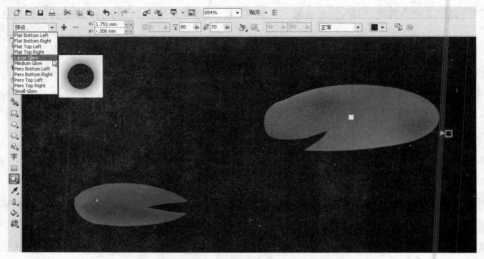（交互式阴影工具）来制作，但不同的是它们的阴影不是投向一侧方向，而是在水面向四周扩散，从而形成在水面的飘浮感。下面在 （交互式阴影工具）的属性栏最左侧下拉列表中选择"Large Glow"或"Medium Glow"项，从而形成四周扩散的投影效果，如图4-28所示。同理，处理位于远处的莲叶，最后的效果如图4-29所示。

20）下面来绘制几道夸张的手绘曲线，以暗示水的缓慢流势，因为是粗细不均的随意流动的曲线，因此采用 （艺术笔工具）来绘制最适合。方法：先执行菜单中的"窗口｜泊坞窗｜艺术笔"命令，调出"艺术笔"泊坞窗，在其中选择一种具有粗细变化的笔触，然后应用工具箱中的 （艺术笔工具）绘制如图4-30所示曲线（为了清楚显示，先填充为浅灰色），还可以使用 （形状工具）调节曲线路径上的锚点与方向线。最后，右键单击"调色板"中的 （无填充色块）取消边线的颜色。

图4-28　制作位于远处的莲叶向四周扩散的投影效果

图4-29　莲花和莲叶完成的效果图

图4-30　利用艺术笔工具绘制粗细变化的笔触

21）按快捷键〈Ctrl+K〉拆分艺术笔群组，现在艺术笔画出的曲线变成了闭合路径，应用 (形状工具) 将右侧形状进行调整，如图 4-31 所示。然后将曲线形的填充设置为深灰色，参考颜色数值为 CMYK（0，0，0，60）。接下来，选择 (交互式透明工具)，在属性栏内的设置如图 4-32 所示，从而使柔和的曲线图形在深暗的水面若隐若现。

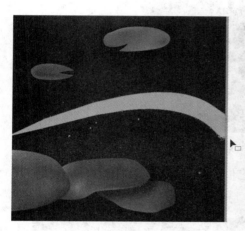

图 4-31　对曲线的右侧形状进行调整　　　　　图 4-32　调节曲线图形的透明度

22）同理，在"水面"上再添加两条流动的曲线图形，如图 4-33 所示。

23）下一步要在海报中添加醒目的标题文字。方法：利用工具箱中的 (文本工具) 在页面中输入文本"Water Nymph"，设置属性栏的"字体"为 Eras Bold ITC，"字号"为 48pt，并将它填充为白色。

24）下面为了让文字在版面中居中对齐，先将文本框水平拉长到与背景宽度一致，如图 4-34 所示。然后执行菜单中的"文本｜段落格式化"命令打开"段落格式化"对话框，在"水平"下拉列表中选中"中"项，使文字相对于文本框水平居中对齐，如图 4-35 所示。这样，也就相当于文字在背景图中居中排列。接着按快捷键〈Ctrl+F8〉将文本转为美术字，此时文字四周出现了控制手柄，最后向下拖动控制手柄将文字拉长一些。

图 4-33　在"水面"上再添加两条流动的曲线图形　　图 4-34　将文本框水平拉长到与背景宽度一致

图4-35　使文字相对于文本框水平居中对齐

25）再输入其他的文本，然后使用同样的方法将它们相对于背景图居中对齐，如图4-36所示。接着缩小全图，整体版式如图4-37所示。

图4-36　输入其他的文本并使它们都相对于背景图居中对齐　　　　图4-37　整体版式效果

26）接下来很重要的一步是要在黑暗背景中添加闪烁的星光效果，这对整张招贴具有画龙点睛的作用，可使画面充满灵动与梦幻感。先制作一个星光单元。方法：利用工具箱中的 （贝赛尔工具）绘制出如图4-38所示的闭合路径，填充为白色，边线为无色。然后按快捷键〈Alt+F9〉打开"变换"泊坞窗，在其中的设置如图4-39所示。单击"水平镜像"和"应用到再制"按钮，在闭合路径右侧得到一个复制的镜像图形，如图4-40所示。

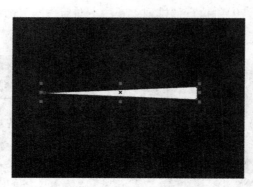

图 4-38　绘制出一个闭合路径，填充为白色　图 4-39　在"变换"泊坞窗中进行镜像操作

图 4-40　在闭合路径右侧得到一个复制的镜像图形

27）利用工具箱中的 （挑选工具），在按住〈Shift〉键的同时选中白色图形和镜像图形，然后在 "变换"泊坞窗中单击第 1 排第 2 个按钮（旋转设置），在其中的设置如图 4-41 所示，旋转"角度"为 90 度，单击"应用到再制"按钮，得到旋转了 90 度后的复制图形，如图 4-42 所示。接着将所有白色图形都选中，单击属性栏内的（焊接）按钮，从而使这 4 个独立的复制图形构成一个完整的闭合路径。

图 4-41　"变换"泊坞窗　　　　图 4-42　得到旋转了 90 度后的复制图形

28）选择工具箱中的 （交互式透明工具），参照图4-43所示设置属性栏参数，在最左侧下拉菜单中选择"射线"，得到从中心向四周逐渐淡出到背景中去的效果。然后利用工具箱中的 （椭圆形工具），按住〈Ctrl+Shift〉键从十字图形中心出发绘制出一个正圆形，填充为淡蓝色，参考颜色数值为CMYK（20，0，0，0）。执行"排列｜顺序｜向后一层"命令，使它移至十字图形后面一层，如图4-44所示。

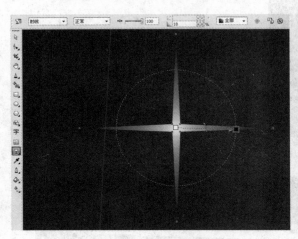
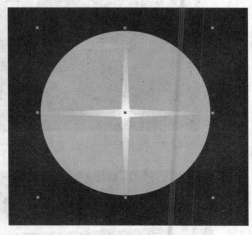

图4-43　制作向四周逐渐淡出的效果　　　图4-44　从十字图形中心出发绘制出一个淡蓝色正圆形

29）同理，利用 （交互式透明工具）使淡蓝色圆形外围也淡出到背景中去。注意要使圆形四周全部虚化，形成光晕的效果，透明度控制线的长度要设置得短一些，如图4-45所示。然后同时选中十字图形与圆形，按快捷键〈Ctrl+G〉组成群组。

30）将刚才成组的图形移到海报背景图中，在深暗背景的衬托下，形成闪烁的星光效果。复制出很多个星光图形，经过放缩后将它们散布在睡莲与文字的周围，如图4-46所示。

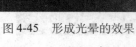

图4-45　形成光晕的效果　　　图4-46　复制星光图形，放缩后散布于睡莲与文字的周围

31）最后一步，给海报中的标题文字添加外发光的效果。方法：逐个选中文字块（已转换为美术字），选择 （交互式阴影工具），在属性栏最左侧下拉列表中选择"Large Glow"或

"Medium Glow"项，意指向四周扩散的光效，调节效果如图 4-47 所示。

图 4-47 给海报中的标题文字添加外发光的效果

32）整幅海报制作完成，最后的效果如图 4-41 所示。

4.2 牛奶包装盒设计

 要点：

CorelDRAW 软件具有强大的包装设计功能，本例设计的是一个橙子口味的牛奶包装盒造型，如图 4-48 所示。在该例中既要制作包装盒立体外型的结构，还需要手绘包装盒主体图形（卡通奶牛的图案），图形中包括规则的直线、曲线以及极其随意的手绘形状，因此要结合"手绘工具"、"贝塞尔工具"、"钢笔工具"等几种绘图工具来制作。另外，此案例中还包含简单的版式设计，还可以从中学习一些文字处理技巧，如沿曲线排列文字、透视文字等。

图 4-48 牛奶包装盒设计

操作步骤：

1）执行菜单中的"文件｜新建"命令，新建一个文件，并在属性栏中设置纸张的高度与宽度为 150mm × 200mm。

2）本例制作的是包装盒立体展示效果图，因此要先制作一个背景图作为包装摆放的大致空间。方法：利用工具箱中的 ▢（矩形工具）绘制出一个矩形作为背景单元图形，如图 4-49 所示。然后选择工具箱中 ◈（填充工具）组中的 ▆（渐变）工具，在弹出的"渐变填充"对话框中设置由"黑色－白色"的线性渐变（从上至下），如图 4-50 所示，单击"确定"按钮。此时矩形中被填充上黑白线性渐变效果，如图 4-51 所示。

图 4-49　绘制出一个矩形

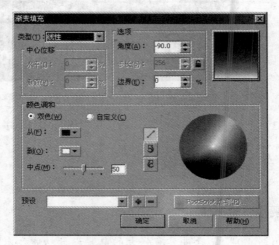

图 4-50　在"渐变填充"对话框中设置黑白线性渐变

图 4-51　填充了黑白渐变的矩形

3）再绘制一个矩形并填充由"灰色－黑色"的线性渐变，如图 4-52 所示。然后将两个矩形拼合在一起，注意要使它们的宽度一致。如图 4-53 所示，从而形成了简单的展示背景。

图4-52　再绘制一个矩形并填充由"灰色–黑色"的线性渐变　　　　图4-53　背景效果

4）下面制作带有立体感的包装盒造型。首先需要绘制出它的大体结构，也就是确定几个面的空间构成关系。方法：利用工具箱中的 ▨（贝赛尔工具）绘制如图4-54和图4-55所示的盒子正面和侧面图形，然后将它们的填充都设置为白色，轮廓线设置为黑色（轮廓线后面要去除，此时只是暂时设置以区分块面）。在绘制的过程中要注意盒子的透视关系应符合视觉规律。接着绘制一个小三角形，置于图4-56所示位置。虽然只画出了简单的3个块面，但包装盒结构已初具形态。

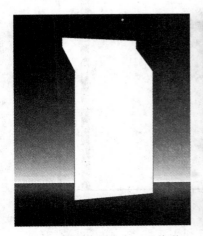  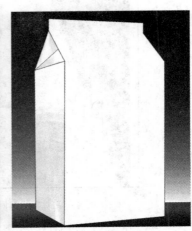

图4-54　绘制包装盒正面外形　　图4-55　绘制包装盒左侧面形状　　图4-56　再绘制一个小三角形

5）包装盒基本结构建立之后，接下来进行光影效果的处理，为了生成包装盒侧边立体的感觉，我们利用"交互式网状填充工具"来完成。方法：利用 ▨（挑选工具）选中盒侧面的小三角形，然后选择工具箱中的 ▨（交互式网状填充工具），此时图形内部会自动添加纵横交错的网格线，这时每次双击鼠标可以增加一个网格点。接着利用 ▨（交互式网状填充工具）拖动网格点调节曲线形状和点的分布，如图4-57所示。

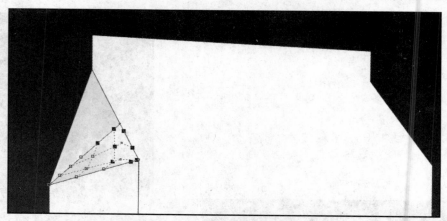

图4-57　将网格点调节到合适的状态

6）如图4-58所示，选中一个要上色的网格点（按住〈Shift〉键可以选多个网格点），然后在"调色板"中选择一种相应的灰色。通过这种上色的方式可以形成非常自然的色彩过渡。

提示：如果对一次调整的效果不满意，可以单击工具属性栏中的"清除网格"按钮，可将图形内的网格线和填充一同清除，仅剩下对象的边框。

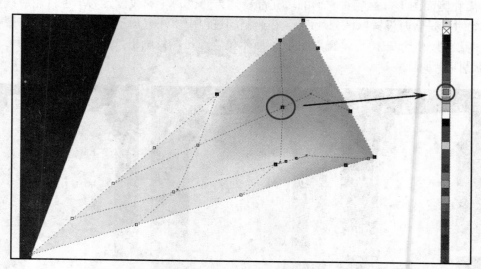

图4-58　在"调色板"中选择相应的灰色

7）利用 （挑选工具）选中包装盒左侧面图形，然后利用工具箱中的 （交互式网状填充工具）在图形内设置网格结构，如图4-59所示。接着点中相应的网格点，在调色板中分别设置不同深浅的灰色，从而形成微妙的光影变化，如图4-60所示。

提示：利用 （交互式网状填充工具）创建的复杂渐变效果是简单的线性渐变所无法达到的。

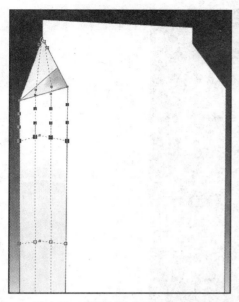
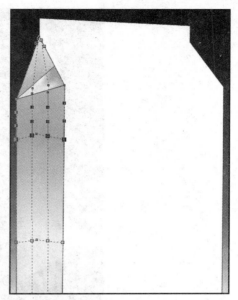

图4-59 设置包装盒侧面网格结构　　　图4-60 在包装盒侧面形成微妙的光影变化

8）网格调整完成后，包装盒侧面形成了变化的灰色效果，如图4-61所示。此时盒子初步的立体感和光感已形成。然后右键单击"调色板"中的⊠（无填充色块），取消边线的颜色，得到如图4-62所示的效果。

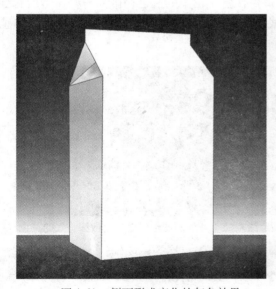

图4-61 侧面形成变化的灰色效果　　　图4-62 去除3个面的轮廓线后的效果

9）选择工具箱中的 ▨（挑选工具）选中包装盒正面图形，然后执行菜单中的"窗口｜泊坞窗｜颜色"命令，调出"颜色"泊坞窗。接着在其中设置填充色为橘黄色，参考颜色数值为CMYK（5，50，95，0），如图4-63所示。

图 4-63　将包装盒正面图形填充为橘黄色

10）为了增强包装盒上端盒面转折的感觉，我们再绘制一个背光面图形。方法：利用工具箱中的 绘制一个盒子的坡面，如图 4-64 所示，并设置填充色为深黄色，参考颜色数值为 CMYK（20，55，100，0），这种黄色比盒子正面的黄色稍微深一些。然后右键单击"调色板"中的 ⊠（无填充色块），取消边线的颜色，如图 4-65 所示，从而使盒面立体感进一步增强。

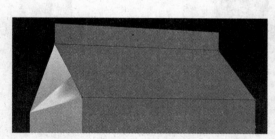

图 4-64　使用"贝塞尔工具"绘制盒子上端的坡面

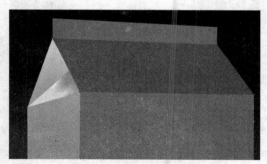

图 4-65　在坡面图形内填充稍微深一些的黄色

11）下面为牛奶产品设计一个卡通形象，因为是牛奶广告的宣传图形，因此我们将卡通的形象定义为一只可爱的卡通奶牛带领着一只小牛，一副悠然自得的憨厚形象。首先来绘制卡通奶牛形象，第一步利用绘图工具勾勒外形并填充基本色。方法：利用工具箱中的 绘制出如图 4-66 所示的闭合路径，奶牛轮廓中包含大量的曲线，而使用 是绘制光滑曲线的最好方法。绘制完成后，还可以利用工具箱中的 继续调节节点和控制柄，从而修改曲线的曲率，得到流畅、平滑、优美的曲线形。然后将奶牛头部图形填充为白色，轮廓线颜色为黑色（轮廓宽度可根据读者的喜好自行设定）。

12）同理，利用工具箱中的 📐（贝赛尔工具）绘制出奶牛的身体图形（也是闭合路径，填充为白色），然后绘制一条曲线作为尾巴，如图4-67所示。接着将头部图形与身体图形进行组合，并添加眼睛、鼻孔等局部图形，得到如图4-68所示的效果。

图4-66 绘制奶牛头部图形　　图4-67 绘制奶牛身体图形　　图4-68 绘制奶牛身体图形

13）下面要绘制的是奶牛身体上的花纹和耳朵的效果。方法：利用工具箱中的 📐（贝赛尔工具）绘制出奶牛身体上的花斑图形，填充为黑色，如图4-69所示。然后绘制出如图4-70所示耳朵内部形状，在"颜色"泊坞窗中设置填充色为橘黄色，参考颜色数值为CMYK（0，60，100，0）。接着在鼻子部分（如图4-71所示）绘制出闭合路径，并设置填充色为浅黄色，参考颜色数值为CMYK（5，10，40，0）。最后利用 ▶（挑选工具）将组成奶牛的所有图形都选中，按快捷键〈Ctrl+G〉组成群组。

14）利用 ▶（挑选工具）将成组后的奶牛图形向右侧移动，然后在未释放左键的情况下，右击鼠标可将它复制出一份。接着将其缩小后摆放在如图4-72所示的位置，从而形成了小牛的形象。

15）利用工具箱中的 ✎（手绘工具）绘制出橙子的形状，如图4-73所示，轮廓线为白色。

　提示：手绘工具提供了最直接的绘制方法，能够画出非常随意的图形。

16）下面继续绘制盒子的表面图案。在调色板中选中白色，然后利用工具箱中的 📐（贝赛尔工具）在橘黄色正面图形的底端绘制出如图4-74所示曲线闭合图形，从而形成仿佛牛奶流动的感觉。接着将前面制作好的奶牛和小牛图形缩小后移动到牛奶盒下部。

图4-69 绘制奶牛身上的花斑图形并填充为黑色　　图4-70 绘制出耳朵内部形状并填充为橘黄色

图4-71　绘制出鼻子部分形状并填充为浅黄色

图4-72　卡通奶牛最终效果

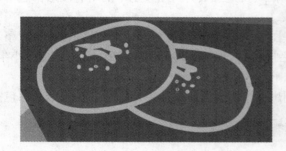

图4-73　橙子的形状

图4-74　绘制出仿佛牛奶流动的曲线图形

　　17）下面要完成的是卡通文字的制作，为了准确地体现出液体质感、厚重的牛奶口感等特点，本例的卡通文字是作为图形的方式来绘制的，而不采用字库里现成的字体。方法：选择工具箱中的 🖊️（钢笔工具），绘制出如图4-75所示的字母"M"的特殊外形（也可根据手绘的设计草稿来绘制）。然后将字母的"填色"设置为白色，再右键单击"调色板"中的 ⊠（无填充色块）取消边线的颜色。参照同样的风格，分别绘制如图4-76所示的4个字母，并形成错落有致的排列。最后利用 🔖（挑选工具）将4个字母都选中，按快捷键〈Ctrl+G〉组成群组。

　　18）将"Milk"字样放置在包装盒上，排版时，注意文字大小与底图之间的关系要适当留出一定空间，以便图与字相互之间能够有互相透气的感觉，如图4-77所示。

　　19）为了告诉消费者该产品是橙子口味的牛奶饮料，光有外包装的颜色是不够的，还需在文字内容上着重强调，以免消费者产生歧义。方法：利用工具箱中的 🔤（文本工具）在页面中输入文本"橙子口味"，在属性栏中设置"字体"为一种稍粗圆一些的字体（如琥珀体、圆黑体等)。另外,请读者自己用工具箱中的 ⚡ (手绘工具) 画出右上角的太阳图形,如图 4-78 所示。

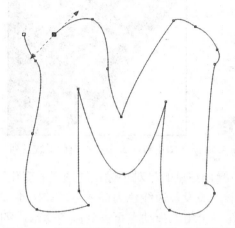

图 4-75 用钢笔工具绘制出 "M" 的特殊外形   图 4-76 分别绘制出 4 个字母图形并形成错落有致的排列

图 4-77 注意文字与图之间要适当留出空间   图 4-78 添加中文与右上角的太阳图形

20) 在包装的设计中,细节最能提升产品的特性,为了增加牛奶润滑的感觉,下面制作包装盒上沿曲线排列的英文文字效果。方法:利用工具箱中的 ✎ (贝赛尔工具) 绘制如图 4-79 所示的曲线路径,然后利用 字 (文本工具) 在曲线开端的部分用鼠标单击,此时在曲线上会出现一个顺着曲线走向的闪标,接着输入文本 "healthy life",如图 4-80 所示,并在属性栏中设置 "字体" 为 "Sui Generis Free",字体大小请读者根据绘制盒子的具体大小来设置。

21) 将文字的 "填充" 设置为白色.并将文字放置在包装盒正面 (参考图 4-81 所示位置),顺着盒面中部白色的弧线排列,使文字产生顺着液体往下流动的感觉。

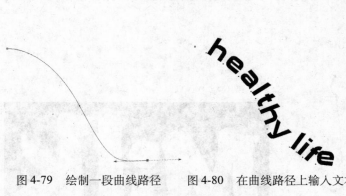

图4-79　绘制一段曲线路径　　图4-80　在曲线路径上输入文本　　图4-81　文字顺着白色弧线排列

22）产品属于乳酸菌牛奶，需要添加该标识，此步操作注重的是对小标识做透视的变化。方法：利用工具栏中的 □（矩形工具）绘制出一个矩形，并设置边线色为橘黄色，如图4-82所示。然后利用工具箱中的 ⟨形状工具⟩ 在矩形的任一个角上拖动，可得到圆角矩形，如图4-83所示。

图4-82　绘制出一个矩形　　　　　　　图4-83　将矩形转化为圆角矩形

23）接着来制作矩形的透视变形。方法：利用工具箱中的 ⟨挑选工具⟩ 选中矩形，然后执行菜单中的"效果｜添加透视"命令，此时矩形上会出现透视编辑框。接着利用 ⟨形状工具⟩拖动透视框上的控制柄修改形状的透视效果，使它的透视与盒子表面的透视一致，效果如图4-84所示。

24）利用工具箱中的 字（文字工具）分别输入文字"乳酸菌"和"牛奶"（分别是两个文本块），然后将它们放置到矩形框内，按快捷键〈Ctrl+F8〉将文本转为美术字。

25）制作文字的透视效果。方法：利用工具箱中的 ⟨挑选工具⟩ 选中文字，执行菜单中的"效果｜添加透视"命令，调整透视框使文字的透视与矩形框透视相吻合，如图4-85所示。

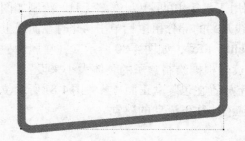

图4-84　对圆角矩形框添加透视效果　　　　图4-85　对文字添加透视效果

26）包装盒的左侧面一般都排满许多小文字，这里我们只添加一段文字以作示意。方法：利用 字 （文字工具）按住鼠标左键不松开，在页面空白处拖拉出一个矩形文本框，这种方法可以先限定文字框的大小，然后在里面输入相应文字，如图4-86所示。接着按快捷键〈Ctrl+F8〉将文本转为美术字。再执行菜单中的"效果｜添加透视"命令，调整透视框，使文字沿包装盒侧面产生如图 4-87 所示的效果。最后将它放置于包装盒侧面接近底部的位置。

生产日期：2008.09.09
保质期：12个月
生产地址:北京**区**有
限公司
电话:010-2910291

图 4-86　在文本框内输入文本　　　　图 4-87　对文字添加透视效果

27）为了使包装盒具有更佳的展示效果，下面制作盒子的投影。方法：先将组成包装盒的所有图形文字都选中，按快捷键〈Ctrl+G〉组成群组，然后选择工具箱中的 □ （交互式阴影工具），沿如图4-88所示水平倾斜的方向拖动鼠标，从而得到包装盒左后方的投影效果（带箭头的线条长度代表投影的延伸程度，在属性栏内可以修改投影的不透明度）。

28）至此，包装盒立体效果图制作完成，最后的结果如图4-48所示。图4-89是利用相同方法制作出的一组不同色彩的系列牛奶包装盒，以供读者参考。

图 4-88　利用"交互式阴影工具"为包装盒设置投影效果　　　图 4-89　利用相同的方法制作出的一组不同色彩的系列牛奶包装盒

4.3 冰淇淋包装盒设计

要点:

食物的包装除了满足保护食品、储存食品等基本功能以外，还要具有整体视觉上的美观、显著的标识和生动形象的展示效果，这样才能刺激受众的消费欲望。实物呈现是消费者最信赖的方式，这种方式又包括两种具体手法：一是利用材料的透明性让消费者能直接观察到食物本身，如透明塑料以及玻璃等材质；二是将食物图直接展示在包装上。本例制作的冰淇淋包装就是将真正的食物图放置于包装上，如图4-90所示。这其中涉及的设计内容包括了包装盒正面的版式设计以及立体展示效果。通过本例的学习应掌握艺术笔、拆分艺术笔触、旋转复制、透视变形、交互式透明工具等的综合应用。

图4-90 冰淇淋包装盒设计

操作步骤:

1）执行菜单中的"文件｜新建"命令，新创建一个文件，并在属性栏中设置纸张宽度与高度为185mm×260mm。然后利用工具箱中的□（矩形工具）绘制出一个矩形，作为包装盒正面外形。接着利用 （贝赛尔工具）绘制盒子的顶部图形，如图4-91所示，再将两个图形上下拼接在一起，得到如图4-92所示的包装盒外轮廓图。

2）在外轮廓图形内填充渐变色。方法：利用 （挑选工具）选中盒子的正面矩形，然后选择工具箱中 （填充工具）组中的"渐变"图标，在弹出的图4-93所示的"渐变填充"对话框中设置由"橘红色－白色"的圆锥形渐变，其中橘红色参考颜色数值为CMYK（0，100，60，0），单击"确定"按钮，结果如图4-94所示。接着右键单击"调色板"中的☒（无填充色块）按钮，取消边线的颜色。最后在包装正面的左侧绘制一个填充为棕色的窄长矩形，如图4-95所示。

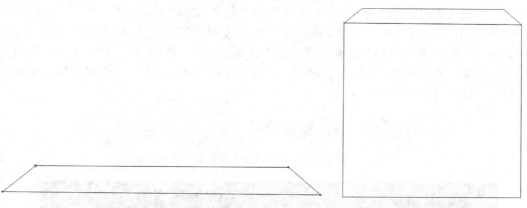

图 4-91　绘制盒子顶面图形　　　　　图 4-92　包装盒外轮廓

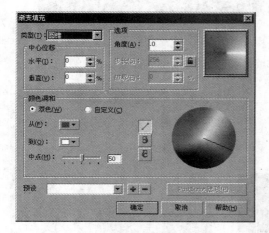

图 4-93　设置锥形渐变

图 4-94　填充锥形渐变色后的效果

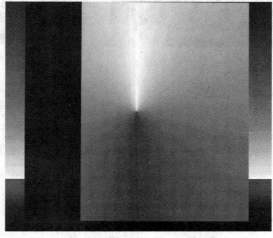

图 4-95　包装盒正面的填充效果

3）包装盒展示效果图要具有一定的立体形态，本例表现的是正面视角，因此需要采用色彩渐变来体现盒子的透视效果。方法：首先制作包装盒顶面的渐变透视，利用工具箱中的  （交互形填充工具），在属性栏内的设置如图4-96所示。将包装盒的顶面填充为"棕色－黄色"的渐变色，效果如图4-97所示。然后在顶部左侧面绘制一个四边形，利用 ◎（交互形填充工具）填充为深棕色的渐变，如图4-98所示。接着在正面下部再绘制一个黑色矩形。至此盒子外型制作完成，效果如图4-99所示。

图4-96　交互形填充工具属性栏参数设置（顶部底色）

图4-97　顶部填充渐变的效果

图4-98　绘制顶部左侧四边形并填充渐变

图4-99　包装盒外轮廓填充图

4）包装盒外轮廓与基本底色制作完成后，下面开始添加正面图形。首先需要制作一个放射状的（形同手绘旋涡）绚丽图形，可以利用艺术笔的属性来实现。方法：利用工具箱中的 （贝塞尔工具）绘制一条曲线，如图4-100所示，然后单击工具箱中的 （艺术笔工具），在属性栏中设置参数如图4-101所示，从而得到如图4-102所示的手绘笔触效果。接着执行菜单中的"排列｜拆分艺术笔群组"命令，将笔触拆分为多个零散图形。

5）现在初步拆分后的笔触处于一种透明重叠的状态，下面先取消它的透明度设置，再修改颜色。方法：单击 （交互式透明工具），在属性栏内最左侧的下拉列表中选择"无"，从而取消艺术笔的透明属性，然后执行菜单中的"排列｜取消全部群组"命令打散图形。接着利用 （挑选工具）选中局部图形，删除一些艺术笔触，并将剩下的笔触填充为不同颜色（颜色请读者自己设定，本例设置为橘黄色调），还可以复制出一些笔触形状，效果如图4-103所示。最后按快捷键〈Ctrl+G〉，将它们组成新的群组。

6）对单元笔触进行旋转复制，从而得到漩涡状的奇妙图形。方法：选中设置好颜色的笔触图形，按快捷键〈Alt+F8〉，打开"变换"泊坞窗，在其中的设置如图 4-104 所示，将旋转角度设置为 45 度，再将旋转中心点移动到如图 4-105 所示位置。然后重复单击"应用到再制"按钮，从而得到一系列环绕着同一个旋转中心点排列的复制图形。图 4-106 为旋转复制的中间状态，最后完成的漩涡效果如图 4-107 所示。

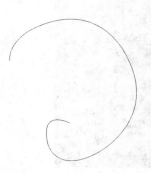

图 4-100   绘制一条曲线

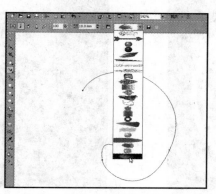

图 4-101   选择一种艺术笔笔触类型

图 4-102   得到手绘笔触效果

图 4-103   重新设定笔触的颜色

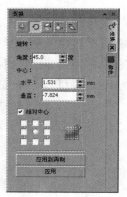

图 4-104   "变换"泊坞窗

图 4-105   移动旋转中心点

图 4-106   旋转复制的中间状态

图 4-107   旋转复制后的效果

7）绘制一个小小的标识。方法：利用工具箱中的 [○]（椭圆形工具）绘制两个同心圆形，并为它们设置不同粗细的轮廓线，然后利用 [字]（文本工具）输入"4g"的字样，并在属性栏中设置"字体"为"Arial Black"，"字号"为41.9pt，颜色为白色，从而得到如图4-108所示的标识效果。接着将标识与前面制作好的旋转图案一起放置于包装盒正面，如图4-109所示。

图4-108　标识效果

图4-109　将标识与前面制作好的旋转图案一起放置于包装盒正面

8）包装盒的表面有一串汇聚为流星雨般的小图形，下面先来制作单个流星。方法：利用工具箱中的 [○]（椭圆形工具）绘制一个椭圆，然后单击工具箱中的 [○]（交互式变形工具），在属性栏中设置参数如图4-110所示（数值仅供参考，根据绘制椭圆大小的不同，属性栏内数值参数也需要进行相应的改变），从而形成如图4-111所示的菱形图案。接着将此图案复制出数十份，排列成随意的错落有致的流星状，并适当改变某些星星的颜色，如图4-112所示，从而使整体富于诗意的变化。最后将所有流星小图案选中，按快捷键〈Ctrl+G〉组成群组，并摆放于包装正面，效果如图4-113所示。

图4-110　交互式变形工具属性栏设置

图4-111　利用交互式变形工具制作菱形单元

图4-112　将菱形图案随意地排列成流星状

图 4-113　将流星状图形摆放于包装正面

9）接下来为包装盒添加一个醒目的标识——"NEW!"。方法：利用工具箱中的 （贝塞尔工具）绘制出衬底图形的外轮廓，将其填充为大红色，参考颜色数值为 CMYK（0，100，100，0），并右键单击"调色板"中的（无填充色块）取消边线的颜色。然后在红色背景中输入文字"NEW!"，在属性栏中设置"字体"为"Sui Generis Free"，"字号"为 23.2pt，颜色为白色，并旋转一定的角度，如图 4-114 所示。接着将完成的标识摆放在包装正面的左上角位置，如图 4-115 所示。

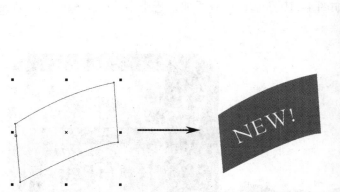

图4-114　绘制出衬底图形并添加文字　　　　图4-115　将完成的标识摆放在包装正面上

10）继续在包装盒正面添加文字，主要的标题文字是作为图形的方式来绘制的，文字的外形与颜色（蓝色渐变）都要尽量符合冰淇淋的冰爽感觉。方法：选择工具箱中的（钢笔工具），绘制出如图 4-116 所示的字母"Sweet Smart"的外形（可根据手绘的设计草稿来绘制，如果字库中有类似的字体也可直接选用）。然后将字母全部选中，按快捷键〈Ctrl+G〉组成群组。接着在文字内部添加由"蓝色－蓝紫色"的线性渐变，从而得到如图 4-117 所示效果。

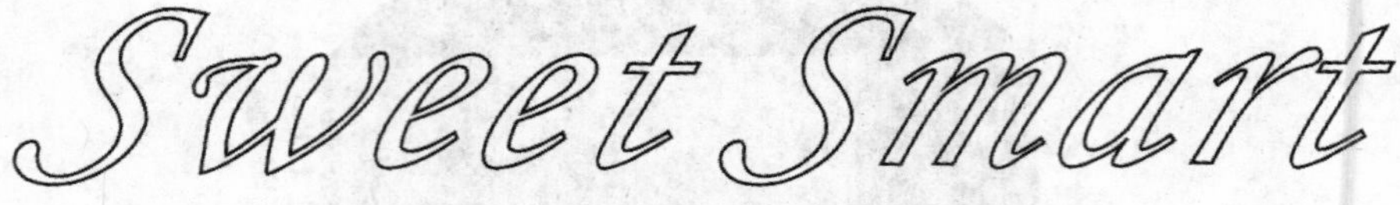

Sweet Smart

图 4-116　字母"Sweet Smart"的特殊外形

Sweet Smart

图 4-117　为文字添加渐变色

11）制作文字的透视变形效果。方法：利用 ▣（挑选工具）选中文字，然后执行菜单中的"效果｜添加透视"命令，调节透视变形框，使文字发生倾斜变形，效果如图 4-118 所示。

Sweet Smart

图 4-118　使文字发生透视变形

12）标题文字下面需要衬托一个线条柔和的单色图形，由于该产品为巧克力口味的冰淇淋，下面通过绘制出富于随意性曲线变化的图形，来模拟出液态巧克力的流动感。然后将其填充为咖啡色，参考颜色数值为 CMYK（30，100，95，0），并在属性栏内设置"轮廓宽度"为 0.8mm，颜色为白色，组合效果如图 4-119 所示。接着添加一行小字"ice cream"。目前包装的整体效果如图 4-120 所示。

图 4-119　文字与衬底图形的合成效果

图 4-120　包装盒整体效果图

13）接下来，利用工具箱中的 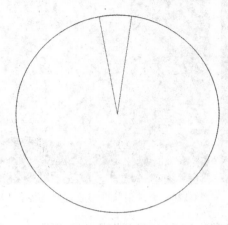（椭圆工具）和 （贝塞尔工具），绘制如图 4-121 所示的两个图形（一个正圆形和一个小扇形），然后将圆形填充颜色设置为明亮的黄色，参考颜色数值为 CMYK（0，0，100，0），将扇形填充为白色。接着右键单击"调色板"中的 $\boxtimes$（无填充色块）取消两个图形边线的颜色，如图 4-122 所示。

图 4-121　绘制一个正圆与一个小扇形

图 4-122　填色并去掉轮廓线

14）间隔一定的角度复制旋转白色图形，从而形成放射性底纹。方法：按快捷键〈Alt+F8〉打开"变换"泊坞窗，将旋转角度设置为 24 度，如图 4-123 所示，然后反复单击"应用到再制"按钮，从而得到一系列环绕着旋转中心点排列复制图形，形成一种美丽的花形图案，如图 4-124 所示。接着利用 （挑选工具）将所有图形都选中，按快捷键〈Ctrl+G〉组成群组。

图 4-123　"变换"泊坞窗

图 4-124　形成一种美丽的花形图案

15）单击 （交互式透明工具），在属性栏中设置参数如图 4-125 所示，其中"透明中心点"数值可根据具体情况设置，此时图形上形成了局部半透明的效果（此处颜色较浅，因此将它暂时放置在一个暗背景上以便于读者观看）。然后将该放射状图形放置到包装盒正面图形上，效果如图 4-126 所示。

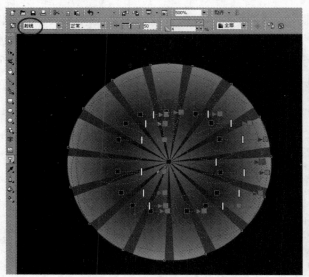

图4-125　图形上形成了局部半透明的效果　　　图4-126　将放射状图形放置到包装盒正面上

16）冰淇淋的外包装中必不可少的是产品的实物图像，下面将摄影图片置入。方法：按快捷键〈Ctrl+I〉，在打开 的"导入"对话框中选择配套光盘"素材及结果\第4章 直线与曲线的使用 \4.3 冰淇淋包装盒设计\冰淇淋.png"，单击"导入"按钮，此时鼠标光标变为置入图片的特殊状态，然后在页面中单击即可导入素材，如图4-127所示。接着将冰淇淋实物图形选中并复制一份，再进行缩小旋转后放置于如图4-128所示的位置。

提示：.png 格式的图片支持背景透明，因此我们置入"冰淇淋.png"图片后的背景是透明的。.jpg格式的图片不支持背景透明，如果将文件存为.jpg 的格式后进行置入，则不能产生背景透明的效果。

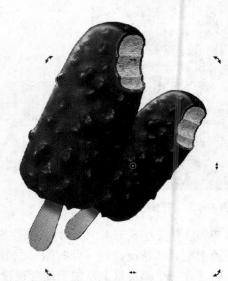

图4-127　导入素材图　　　　　　　　图4-128　将图形复制并缩小旋转

17）将冰淇淋图像合成到包装盒正面图形内部，执行菜单中的"排列｜顺序"下的子命令，调整前后层次关系，从而得到如图 4-129 所示的效果。然后请读者自己制作包装盒顶部具有透视变化的文字效果。至此，整个包装盒正面展示结构制作完成，如图 4-130 所示。

图 4-129　产品图形合成效果图　　　　　图 4-130　整个包装盒正面展示结构图

18）下面，我们制作一个简单的环境图对包装盒主体进行衬托和装饰，首先添加地面上的投影。方法：利用工具箱中的 ▣（挑选工具）　选中包装盒正面（作为底图）的矩形，然后选择工具箱中的 ▣（交互式阴影工具），在属性栏中设置参数和投影方向，如图4-131 所示，从而在包装盒右下侧形成投射在地面上的灰色阴影。

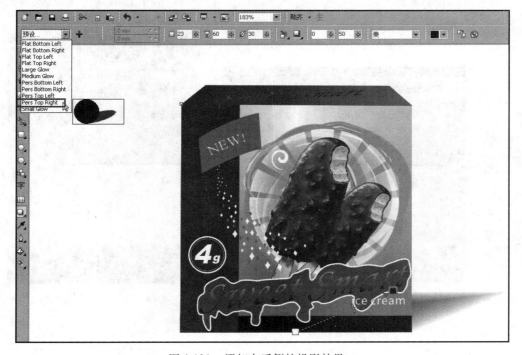

图 4-131　添加左后侧的投影效果

19）绘制一个大的背景图案。方法：利用工具箱中的 □（矩形工具）绘制出如图 4-132 所示的两个矩形，然后分别参照图 4-133 和图 4-134 所示的"渐变填充"对话框设置为两个矩形填充颜色，从而得到如图 4-135 所示的简单背景图形。接着将前面步骤 13）和14）制作好的放射状花形图复制两份（保持前面生成的透明感），作为背景上的点缀图，从而使其与产品包装产生呼应的效果，如图 4-136 所示。

20）利用工具箱中的 ✂（裁剪工具）画出一个大的矩形框，然后在框内双击鼠标，从而将框外多余的图形部分裁掉。至此，这个冰淇淋包装盒的立体展示效果图已制作完成，最后的效果如图 4-90 所示。

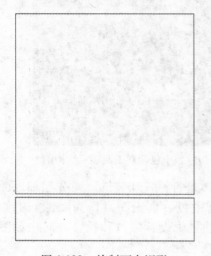

图 4-132　绘制两个矩形

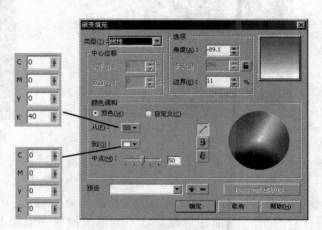

图 4-133　位于上面的矩形渐变填充设置

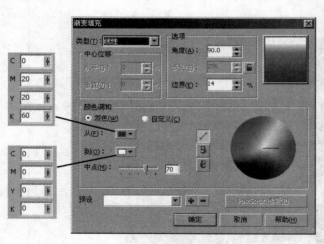

图 4-134　位于下面的矩形渐变填充设置

图 4-135　简单背景图形

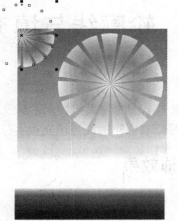

图 4-136 添加前面制作好的花形图作为点缀

4.4 课后练习

（1）制作图 4-137 所示的文字效果。效果可参考配套光盘"素材及结果\第 4 章 直线与曲线的使用\4.4 课后练习\练习 1\阴阳文字效果.cdr"文件。

图 4-137 练习 1 效果

（2）制作图 4-138 所示的标志效果。效果可参考配套光盘"素材及结果\第 4 章 直线与曲线的使用\4.4 课后练习\练习 2\透明度叠加的标志.cdr"文件。

（3）制作图 4-139 所示的标志效果。效果可参考配套光盘"素材及结果\第 4 章 直线与曲线的使用\4.4 课后练习\练习 3\冰淇淋广告图标.cdr"文件。

图 4-138 练习 2 效果   图 4-139 练习 3 效果

第5章　轮廓线与填充的使用

本章重点：

在 CorelDRAW X4 中提供了丰富的轮廓和填充工具，利用这些工具可以制作出绚丽的图形效果。通过本章内容的学习应掌握轮廓线与填充在实际中的具体应用。

5.1　绘制红色的西红柿效果

 要点：

本例将制作红色的西红柿效果，如图 5-1 所示。通过本例的学习应掌握▣（椭圆工具）、▣（钢笔工具）、▣（贝塞尔工具）、▣（渐变填充）、▣（交互式阴影工具）、▣（交互式透明工具）和▣（交互式网状填充工具）的综合应用。

图 5-1　制作完成的红色的西红柿

操作步骤：

1）执行菜单中的"文件|新建"（快捷键〈Ctrl+N〉）命令，新建一个 CorelDRAW 文档，纸张类型为 A4。

2）选择工具箱中的▣（椭圆工具），配合键盘上的〈Ctrl〉键，在页面中绘制一个正圆形，如图 5-2 所示。然后在属性栏中单击▣（转换为曲线）按钮，将其转换为曲线。

3）利用工具箱中的▣（钢笔工具）在正圆形上添加两个节点，如图 5-3 所示。然后调整形状，如图 5-4 所示。

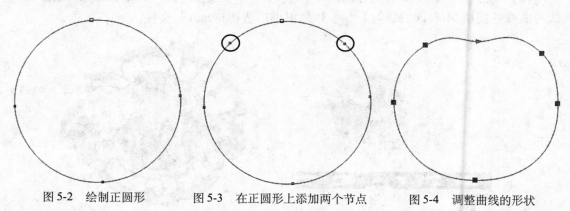

图 5-2　绘制正圆形　　　图 5-3　在正圆形上添加两个节点　　　图 5-4　调整曲线的形状

4）选中调整后的西红柿图形，在工具箱中按住▣（填充工具），在弹出的工具条中选择▣

（填充），然后在弹出的"渐变填充"对话框中设置渐变色设为红-白射线渐变，如图 5-5 所示，单击"确定"按钮。接着右键单击默认 CMYK 调色板中的⊠色块，将轮廓设为无色，结果如图 5-6 所示。

提示：按快捷键〈F11〉，也可以调出"渐变填充"对话框。

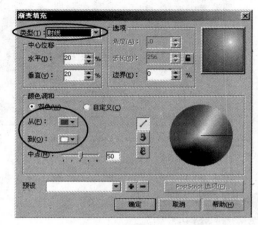

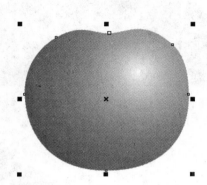

　　图 5-5　设置渐变填充参数　　　　　　　　　　图 5-6　渐变填充效果

　　5）选中西红柿图形，然后选择工具箱中的圈(交互式网状填充工具)，结果如图 5-7 所示。接着在图形左侧路径上双击鼠标，从而添加一条网状路径，最后用红色填充节点，从而制作出西红柿的明暗关系，如图 5-8 所示。

　　6）调整西红柿图形中其余网状填充节点的位置和颜色，结果如图 5-9 所示。

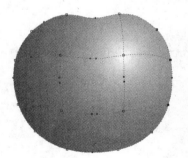
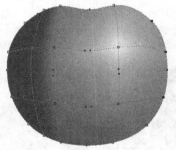
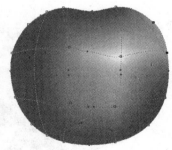

　　图 5-7　网状填充效果　　　图 5-8　添加并填充网状路径　　图 5-9　调整网状填充节点的位置和颜色

　　7）绘制西红柿把。方法：利用工具箱中的◥(贝塞尔工具)绘制封闭的曲线，如图 5-10 所示。然后按快捷键〈F11〉，调出"渐变填充"对话框，设置渐变色为深绿（颜色参考值为 CMYK（100，0，100，0））-浅绿（颜色参考值为 CMYK（40，0，100，0））线性渐变，如图 5-11 所示，单击"确定"按钮，结果如图 5-12 所示。

　　8）利用工具箱中的◯(椭圆工具)绘制一个椭圆，然后按快捷键〈F11〉，在弹出的"渐变填充"对话框中设置渐变色为深绿（颜色参考值为 CMYK（95，50，95，15））-浅绿（颜色参考值为 CMYK（100，0，100，0））射线渐变。接着利用工具箱中的◙(交互式阴影工具)制作出投影，如图 5-13 所示。

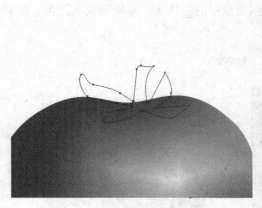

图 5-10　绘制图形

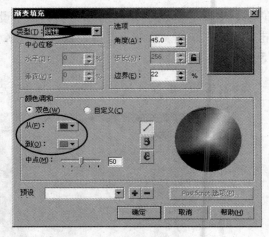

图 5-11　设置填充渐变色

图 5-12　线性填充效果

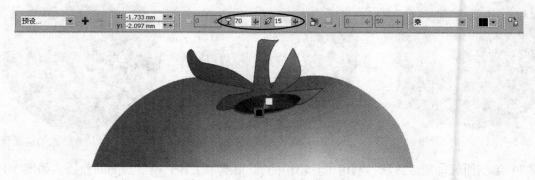

图 5-13　制作西红柿把底部的深色部分

9）按快捷键〈Ctrl+PageDown〉，将椭圆置于底部，结果如图 5-14 所示。

10）制作出西红柿把上的高光。方法：利用工具箱中的 （贝塞尔工具）绘制出高光图形，然后将其填充设为月光绿（颜色参考值为 CMYK（20，0，60，0）），轮廓设为无色，结果如图 5-15 所示。接着利用工具箱中的 （交互式透明工具）对其进行处理，结果如图 5-16 所示。

11）利用工具箱中的 （椭圆工具）绘制一个椭圆，并设置填充渐变色为深绿（颜色参考值为CMYK（95，50，95，15））－浅绿（颜色参考值为CMYK（100，0，100，0））射线渐变，轮廓色为无色，结果如图 5-17 所示。

12）制作西红色的阴影。方法：选中绘制的所有图形，按快捷键〈Ctrl+G〉，将它们群组。然后利用 (交互式阴影工具) 对其进行处理，结果如图 5-18 所示。

图 5-14　将椭圆置于底部

图 5-15　绘制高光图形　　　　　　图 5-16　对高光图形进行透明处理

图 5-17　绘制椭圆

图 5-18　制作出阴影

13）选中所有图形（包括投影），按小键盘上的〈＋〉键，再复制出两个西红柿，然后调整它们的位置大小及其前后顺序，最终效果如图 5-1 所示。

5.2 绘制电池效果

 要点：

本例将绘制电池效果，如图5-19所示。通过本例的学习应掌握 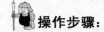（钢笔工具）、"对齐和分布"命令、渐变填充和 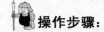（焊接）的综合应用。

图5-19 电池效果

操作步骤：

1．制作电池图形

1）执行菜单中的"文件|新建"（快捷键〈Ctrl+N〉）命令，新建一个CorelDRAW文档。然后在属性栏中单击 ▭（横向）按钮，将页面设置为横向。

2）绘制矩形。方法：选择工具箱中的 ▭（矩形工具），在页面中绘制一个矩形，然后在属性栏中将其宽度和高度设为8mm × 25mm，结果如图5-20所示。

3）绘制椭圆。方法：选择工具箱中的 ◯（椭圆工具），在页面中绘制一个椭圆，然后在属性栏中将其宽度和高度设置为8mm × 3mm。接着按小键盘上的〈+〉键，复制一个椭圆，并将其向下移动，结果如图5-21所示。

4）对齐图形。方法：框选所有图形，执行菜单中的"排列|对齐和分布|垂直居中对齐"命令，结果如图5-22所示。

5）焊接图形。方法：选中矩形和下方的椭圆，单击属性栏中的 ▣（焊接）按钮，将矩形和下方的椭圆焊接成一个整体，结果如图5-23所示。

6）选中焊接后的图形，按快捷键〈F11〉，在弹出的"渐变填充"对话框中设置渐变类型为"线性"，颜色调和为"自定义"，渐变色为黄色，从左到右的颜色依次为CMYK（20，15，85，0）、CMYK（35，30，85，0）、CMYK（0，0，100，0）、CMYK（0，0，100，0）、CMYK（35，30，90，0）、CMYK（25，25，85，0）、CMYK（0，0，20，0）、CMYK（0，0，0，0），

CMYK（30，30，90，0）、CMYK（0，0，100，0）、CMYK（0，0，0，0），如图 5-24 所示。
单击"确定"按钮，结果如图 5-25 所示。

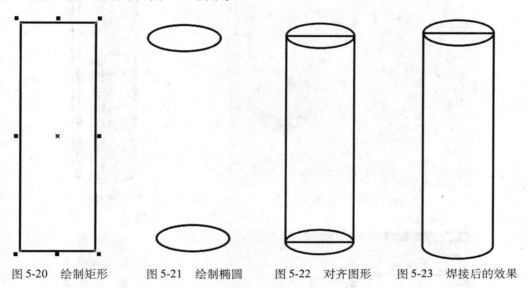

图 5-20　绘制矩形　　　图 5-21　绘制椭圆　　　图 5-22　对齐图形　　　图 5-23　焊接后的效果

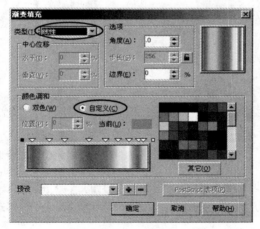

图 5-24　设置渐变色

图 5-25　渐变填充效果

　　7）选中上方的椭圆，按快捷键〈F11〉，在弹出的"渐变填充"对话框中设置渐变类型为
"线性"，颜色调和为"双色"，然后设置"从"后的色块颜色为 CMYK（5，30，60，0），"到"
后的色块颜色为 CMYK（15，10，82，0），如图 5-26 所示，结果如图 5-27 所示。

　　8）改变轮廓色。方法：框选所有图形，按快捷键〈F12〉，在弹出的"轮廓笔"对话框中
设置颜色为黄色，轮廓笔宽度为 1 像素，如图 5-28 所示，单击"确定"按钮，结果如图 5-29
所示。

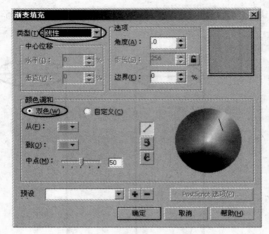

图 5-26　设置渐变色

图 5-27　渐变填充效果

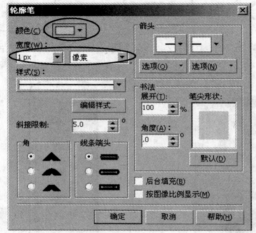

图 5-28　设置轮廓色

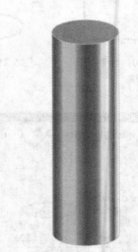

图 5-29　改变轮廓色的效果

9）复制并调整图形的形状。方法：框选所有图形，按小键盘上的〈+〉键进行复制。然后利用工具箱中的 形状工具（形状工具）选中下方弧线上的节点，如图 5-30 所示，向上移动，结果如图 5-31 所示。

10）设置渐变色。方法：选择调整形状后的图形，按快捷键〈F11〉，在弹出的"渐变填充"对话框中将渐变色改为银白色，从左到右的颜色依次为 CMYK（0，0，0，0）、CMYK（0，0，0，20）、CMYK（0，0，0，0）、CMYK（0，0，0，10）、CMYK（0，0，0，40）、CMYK（0，0，0，20）、CMYK（0，0，0，0）、CMYK（0，0，0，10），如图 5-32 所示，单击"确定"按钮，结果如图 5-33 所示。然后左键单击默认 CMYK 面板中的 ⊠ 色块，将轮廓色设为无色。

11）同理，调整椭圆的颜色，将"从"后的色块颜色设为 CMYK（0，0，0，30），"到"后的色块颜色设为 CMYK（0，0，0，0），如图 5-34 所示，结果如图 5-35 所示。

12）选择银白色的圆柱体，按按小键盘上的〈+〉键进行复制。然后进行适当缩小，结果如图 5-36 所示。

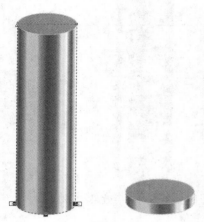

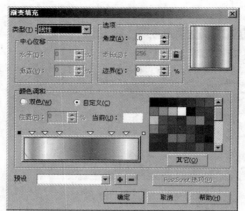

图 5-30　选中节点　　图 5-31　调整后的形状　　　图 5-32　设置渐变色　　　图 5-33　调整渐变色的效果

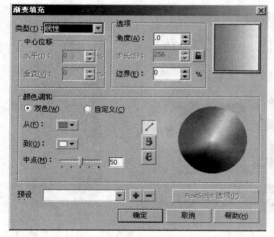

图5-34　设置渐变色　　　　　　图5-35　改变渐变色的效果　　图5-36　调整大小

13）分别选中 3 个圆柱体，在属性栏中单击 ⊞（群组）按钮，将它们进行群组。

14）对齐图形。方法：框选 3 个圆柱体，然后执行菜单中的"排列|对齐和分布|对齐和分布"命令，在弹出的"对齐和分布"对话框中的设置如图 5-37 所示，单击"确定"按钮，结果如图 5-38 所示。

2．制作电池上的标签

1）利用工具箱中的 ◇（钢笔工具）绘制图形，如图 5-39 所示。然后按快捷键〈F11〉，在弹出的"渐变填充"对话框中设置渐变类型为"线性"，颜色调和为"自定义"，渐变色为银灰色，从左到右的颜色依次为 CMYK（0，0，0，40）、CMYK（0，0，0，80）、CMYK（0，0，0，10）、CMYK（0，0，0，20）、CMYK（0，0，0，70）、CMYK（0，0，0，45）、CMYK（0，0，0，10），如图 5-40 所示，单击"确定"按钮，结果如图 5-41 所示。

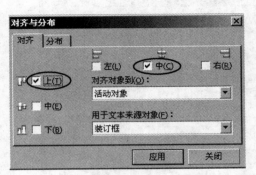

图 5-37　设置对齐参数

图 5-38　对齐后效果

图 5-39　绘制图形

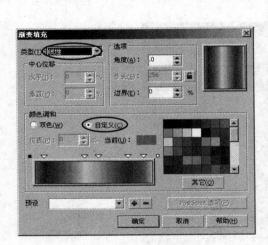

图 5-40　设置渐变色

图 5-41　设置渐变色的效果

2）绘制标签上的图形。方法：利用工具箱中的 ▢ （矩形工具）在页面中绘制一个矩形，并将其填充为绿色，然后在属性栏中单击 ✛ （转换为曲线）按钮，将其转换为曲线。再利用工具箱中的 ◤ （形状工具）调整形状，如图 5-42 所示。最后将其放置到适当位置，如图 5-43 所示。

3）利用工具箱中的 字 （文本工具）输入电池标签上的文字，如图 5-44 所示。

4）选中电池的各个部分，在属性栏中单击 ▦ （群组）按钮，将它们进行群组。

3．制作电池投影效果

1）利用工具箱中的 ▢ （交互式投影工具）单击群组后的电池图形，然后制作出电池的投影，如图 5-45 所示。

2）为了美观，下面再复制两个电池图形，并调整投影的形状，如图 5-46 所示。

3）添加背景。方法：利用工具箱中的 ▢ （矩形工具），在页面中绘制一个矩形，并设置填充色为黄 - 白线性渐变，最终效果如图 5-19 所示。

图 5-42　调整形状　　　　图 5-43　将图形放置到适当位置　　　　图 5-44　输入文字效果

图 5-45　制作电池的投影

图 5-46　复制电池

5.3 绘制手表图形

 要点：

本例将绘制一个手表图形，如图5-47所示。通过本例的学习应掌握 (椭圆工具)、 (矩形工具)、 (文本工具)、 (交互式阴影工具)、 (交互式透明度工具)、"圆角 / 扇形切角 / 倒角"泊坞窗、"渐变填充"命令的综合应用。

图5-47 绘制盘套和光盘图形

1．绘制底盘图形

1）执行菜单中的"文件|新建"（快捷键〈Ctrl+N〉）命令，新建一个CorelDRAW文档。然后在属性栏中设置纸张宽度与高度为200mm × 200mm。

2）绘制手表外壳图形。方法：利用工具箱中的 (椭圆工具）绘制一个椭圆形，然后在属性面板中将其大小设为125mm × 125mm，接着按快捷键〈F11〉，在弹出的"渐变填充"对话框中设置渐变"类型"为"线性"，颜色调和为"自定义"，"渐变色"为黑 - 白渐变，从左到右的颜色依次为60%黑 –20%黑 – 白色 –20%黑 –100%黑，如图5-48所示，单击"确定"按钮。最后在属性栏中将轮廓宽度设为1 mm，结果如图5-49所示。

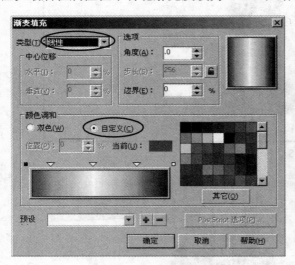

图5-48 设置渐变色

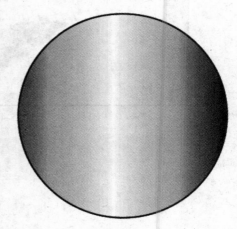

图5-49 渐变效果

3）绘制手表内侧图形。方法：选择手表外壳图形，按小键盘上的〈+〉键进行复制，然后在属性栏中将复制后的图形大小改为101.5mm × 101.5mm，接着按快捷键〈F11〉，在弹出的"渐变填充"对话框中设置渐变"类型"为"线性"，"角度"为 –30，"边界"为13，"颜色调和"为"自定义"，渐变色为黑 - 白渐变，从左到右的颜色依次为20%黑 –100%黑 –90%黑 –20%黑 – 白 –20%黑 –100%黑，如图5-50所示，单击"确定"按钮，结果如图5-51所示。

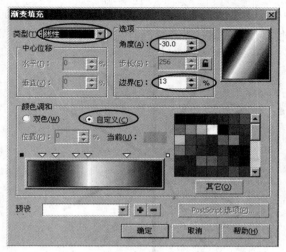

图 5-50　设置渐变色

图 5-51　渐变效果

4）绘制钟表底盘图形。方法：利用工具箱中的 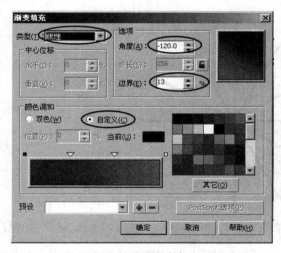（椭圆工具）绘制一个大小为 95mm ×
95mm 的圆形，然后按快捷键〈F11〉，在弹出的"渐变填充"对话框中设置渐变类型为"线
性"，角度为 –120，边界为 13，颜色调和为"自定义"，渐变色为紫红色渐变，从左到右的颜
色依次为 CMYK（20，80，0，80）– CMYK（20，80，0，75）– 紫色 – 洋红色，如图 5-52
所示。单击"确定"按钮，接着在属性栏中将轮廓宽度设为 0.13mm，再调整底盘图形的位置，
结果如图 5-53 所示。

图 5-52　设置渐变色

图 5-53　渐变效果

2．绘制钟表刻度图形

1）利用工具箱中的 △（智能绘图）绘制一条直线，并在属性栏中设置线条的长度为
125mm，轮廓宽度为 2mm。然后按小键盘上的〈+〉键，进行复制，接着在属性栏中将"旋
转角度"设为 210，结果如图 5-54 所示。

2）同理，复制出 4 条直线，在属性栏中分别改变直线的"旋转角度"为 240、270、300、330，如图 5-55 所示。然后选中所有直线按快捷键〈Ctrl+G〉进行群组。

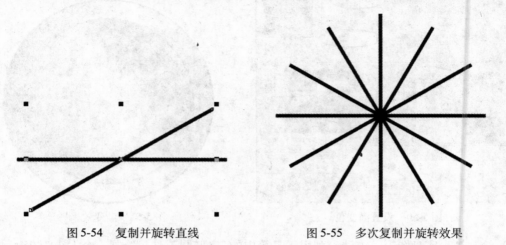

图 5-54　复制并旋转直线　　　　　　　　图 5-55　多次复制并旋转效果

3）利用工具箱中的 ◎（椭圆工具）绘制两个大小分别为 86.5mm × 86.5mm、74.5mm × 74.5mm 的圆形，并中心对齐，如图 5-56 所示。然后框选两个圆形，在属性栏中单击 ▣（后减前）按钮，从而剪切出圆环图形。

4）同时框选剪切后的图形和群组后的直线，将其中心对齐，如图 5-57 所示。然后在属性栏中单击 ▣（相交）按钮。再按键盘上的〈Delete〉键删除圆环和线条图形，结果如图 5-58 所示。

图 5-56　绘制两个圆形并重新对齐　　图 5-57　将圆环和群组后的直线中心对齐　　图 5-58　刻度线

5）将刻度图形移动到底盘图形中，然后右键单击默认 CMYK 调色板中的白色，从而将刻度图形的颜色改为白色，结果如图 5-59 所示。

3．绘制指针图形

1）绘制时针。方法：利用工具箱中的 ▣（矩形工具）绘制一个大小为 5mm × 39mm 的矩形。然后执行菜单中的"窗口 | 泊坞窗 | 圆角 / 扇形切角 / 倒角"命令，在弹出的"圆角 / 扇形切角 / 倒角"泊坞窗中设置参数如图 5-60 所示。接着单击"应用"按钮，结果如图 5-61 所示。

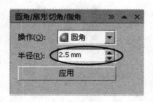

图 5-59　将刻度图形的颜色改为白色　　　图 5-60　设置圆角参数　　　图 5-61　圆角效果

2）选中圆角矩形，按快捷键〈F11〉，在弹出的"渐变填充"对话框中设置渐变"类型"为"线性"，"颜色调和"为"双色"，"渐变色"为 20% 黑 - 白色，如图 5-62 所示。单击"确定"按钮，结果如图 5-63 所示。

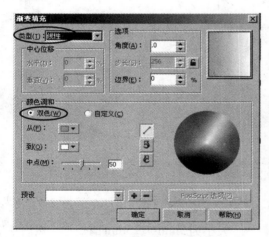

图 5-62　设置渐变色　　　　　　　　　图 5-63　渐变填充效果

3）利用工具箱中的 □（矩形工具）绘制一个大小为 3mm × 25mm 的矩形，然后在"圆角 / 扇形切角 / 倒角"泊坞窗中将"半径"设为 1.5mm。接着按快捷键〈F11〉，在弹出的"渐变填充"对话框中设置渐变"类型"为"线性"，"颜色调和"为"双色"，"渐变色"为 20% 黑 - 100% 黑，如图 5-64 所示，单击"确定"按钮，结果如图 5-65 所示。

4）绘制分针。方法：绘制一个大小为 3mm × 49.25mm 的矩形，然后在"圆角 / 扇形切角 / 倒角"泊坞窗中将"半径"设为 2.5mm。接着在属性栏中将旋转角度设为 215。最后按快捷键〈F11〉，在弹出的"渐变填充"对话框中设置渐变"类型"为"线性"，"角度"为 −70，"边界"为 45%，"颜色调和"为"双色"，"渐变色"为 20% 黑 - 白色，如图 5-66 所示，单击"确定"按钮，最后将其放置到如图 5-67 所示的位置。

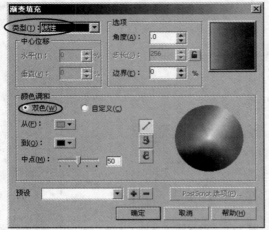

图 5-64　设置渐变色

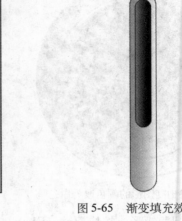

图 5-65　渐变填充效果

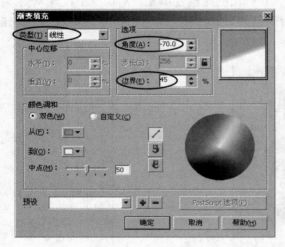

图 5-66　设置渐变色

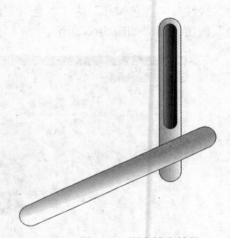

图 5-67　渐变填充效果

5）利用工具箱中的 🔲（矩形工具）绘制一个大小为 3mm × 25mm 的矩形，然后在"圆角 / 扇形切角 / 倒角"泊坞窗中将"半径"设为 1.5mm。接着在属性栏中将旋转角度设为 215。最后按快捷键〈F11〉，在弹出的"渐变填充"对话框中设置渐变"类型"为"线性"，角度为 − 210，"边界"为 25%，"颜色调和"为"双色"，"渐变色"为 20% 黑 −100% 黑，如图 5-68 所示，单击"确定"按钮，再将其放置到如图 5-69 所示的位置。

6）绘制秒针。方法：绘制一个大小为 2mm × 51mm 的矩形，然后在"圆角 / 扇形切角 / 倒角"泊坞窗中将"半径"设为 0.5mm。接着在属性栏中将旋转"角度"设为 −25。最后按快捷键〈F11〉，在弹出的"渐变填充"对话框中设置渐变"类型"为"线性"，"角度"为 110，边界为 13%，颜色调和为"双色"，渐变色为 20% 黑 − 白色，如图 5-70 所示，单击"确定"按钮，最后将其放置到如图 5-71 所示的位置。

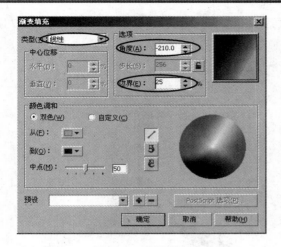

图 5-68　设置渐变色

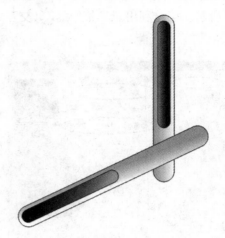

图 5-69　渐变填充效果

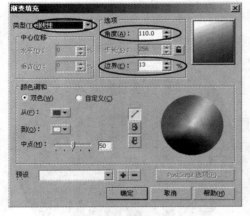

图 5-70　设置渐变色

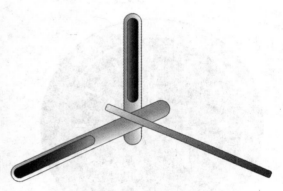

图 5-71　渐变填充效果

7）利用工具箱中的▫（矩形工具）绘制一个大小为 1.35mm × 11.2mm 的矩形，然后在"圆角 / 扇形切角 / 倒角"泊坞窗中将"半径"设为 0.65mm。接着在属性栏中将旋转"角度"设为 −25。最后按快捷键〈F11〉，在弹出的"渐变填充"对话框中设置渐变"类型"为"线性"，"角度"为 110，"边界"为 12% ，"颜色调和"为"双色"，"渐变色"为 20% 黑 -100% 黑，如图 5-72 所示，单击"确定"按钮，再将其放置到如图 5-73 所示的位置。

8）框选所有的指针图形，按快捷键〈Ctrl+G〉进行群组。然后将其移动到底盘中，接着右键单击默认 CMYK 调色板中的⊠色块，将轮廓色设为无色，结果如图 5-74 所示。

9）制作指针的阴影效果。方法：利用工具箱中的▫（交互式阴影工具）单击指针组并向右上方拖动，再在属性栏中设置阴影的"不透明"为 80，阴影"羽化"为 5，结果如图 5-75 所示。

4．制作表手高光和玻璃效果

1）制作表框上的高光效果。方法：利用工具箱中的◯（椭圆工具）绘制一个大小为 107mm × 81.35mm 的椭圆，然后将其"填充色"设为"白色"，"轮廓色"设为"无色"，放置位置如

图 5-76 所示。接着利用工具箱中的 ⬚（交互式透明度工具）对其进行线性处理，如图 5-77 所示。

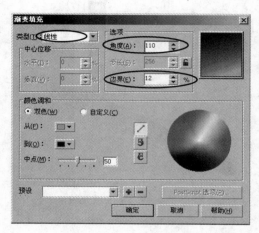

图 5-72 设置渐变色

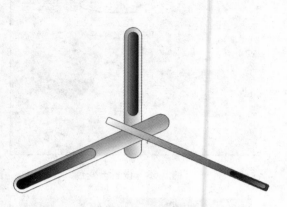

图 5-73 渐变填充效果

图 5-74 将指针轮廓色设为无色

图 5-75 指针阴影效果

图 5-76 绘制图形

图 5-77 高光效果

2）制作上方玻璃的透明效果。方法：利用工具箱中的（椭圆工具）绘制两个大小分别为 102.5mm × 92mm、87mm × 92mm 的椭圆，然后调整位置如图 5-78 所示。接着框选两个圆形，在属性栏中单击（相交）按钮后删除圆形，并将其"填充色"设为"白色"，"轮廓色"设为"无色"，放置位置如图 5-79 所示。最后利用工具箱中的（交互式透明度工具）对其进行线性处理，结果如图 5-80 所示。

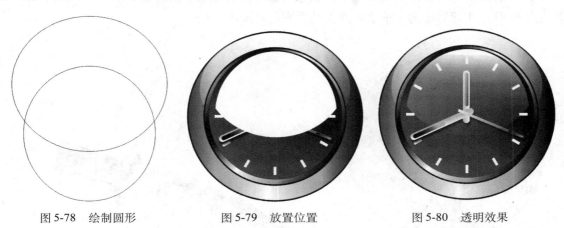

　　图 5-78　绘制圆形　　　　　图 5-79　放置位置　　　　　图 5-80　透明效果

3）制作下方玻璃的透明效果。方法：利用工具箱中的（椭圆工具）绘制一个大小为 52mm × 22mm 的椭圆，然后将其"填充色"设为"白色"，"轮廓色"设为"无色"，放置位置如图 5-81 所示。接着利用（交互式透明度工具）对其进行线性处理，结果如图 5-82 所示。

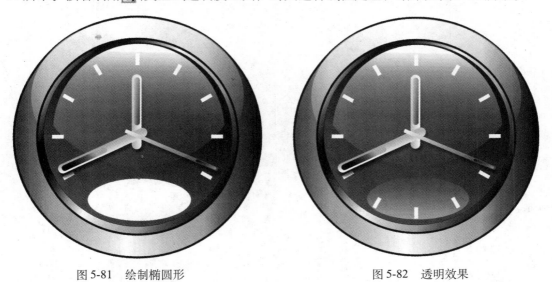

　　　　　图 5-81　绘制椭圆形　　　　　　　　　　图 5-82　透明效果

4）利用工具箱中的（文本工具）输入相应文字，最终结果如图 5-47 所示。

5.4　课后练习

（1）制作图 5-83 所示的光盘效果。效果可参考配套光盘"素材及结果＼第 5 章 轮廓线与填充的使用 ＼5.4 课后练习＼练习 1＼阴阳文字效果.cdr"文件。

（2）制作图 5-84 所示的刀具效果。效果可参考配套光盘"素材及结果＼第 5 章 轮廓线与填充的使用 ＼5.4 课后练习＼练习 2＼缠绕的五彩圆环.cdr"文件。

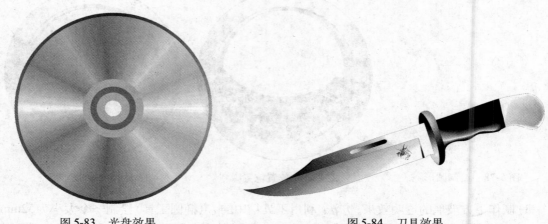

图 5-83　光盘效果　　　　　　　　　　　　　　图 5-84　刀具效果

第6章 文本的使用

本章重点：

CorelDRAW X4具有强大的文本输入和编辑处理功能。在CorelDRAW X4中除了可以进行常规的文本输入和编辑外，还可以进行复杂的特效文本处理。通过本章内容的学习应掌握CorelDRAW X4中的文本在实际中的具体应用。

6.1 胶片文字效果

要点：

本例将制作一个胶片文字效果，如图6-1所示。通过本例的学习应掌握 字（文本工具）、"造形"和"变换"泊坞窗的综合应用。

图6-1 胶片文字

操作步骤：

1）执行菜单中的"文件 | 新建"（快捷键〈Ctrl+N〉）命令，新建一个CorelDRAW文档。然后在属性栏中单击 □（横向）按钮，将页面设置为横向。

2）选择工具箱中的 字（文本工具），在页面中输入文本"电影月刊"，然后在属性栏中设置"字体"为"汉仪超粗黑简"，字号为150pt，结果如图6-2所示。

电影月刊

图6-2 输入文字

3）拆分文字。方法：在文字"电影"和"月刊"之间输入空格，然后执行菜单中的"排列 | 拆分美术字"（快捷键〈Ctrl+K〉）命令，对前后文字进行拆分，如图6-3所示。接着在属性栏中调整文字"月刊"的字号为90pt，结果如图6-4所示。

> 提示：如果不在"电影"和"月刊"之间输入空格，直接按快捷键〈Ctrl+K〉，则会将"电影月刊"拆分为4个单独的文字。

图6-3　对文字"电影"和"月刊"进行拆分　　　　　图6-4　将文字"月刊"的字号设为90pt

4）将文字顶端对齐。方法：利用工具箱中的 （挑选工具）选中全部文字，执行菜单中的"排列 | 对齐和分布 | 顶端对齐"命令，结果如图6-5所示。

5）给文字上色。方法：分别选中文字"电影"和"月刊"，然后在默认CMYK调色板中分别单击红色和黄色，从而将文字"电影"填充为红色，将文字"月刊"填充为黄色，接着调整它们之间的距离，如图6-6所示。

图6-5　将文字顶端对齐　　　　　　　　　图6-6　给文字上色并调整字距

6）制作胶片上的一个小孔。方法：利用工具箱中的 （矩形工具）绘制一个矩形，然后在属性栏中设置矩形的尺寸为 1.5 mm / 2.0 mm ，接着将矩形放置到"电"字左边垂直笔画上，最后在默认CMYK调色板中单击黑色，从而将矩形填充为黑色，结果如图6-7所示。

7）复制小孔。方法：执行菜单中的"窗口 | 泊坞窗 | 变换 | 位置"（快捷键〈Alt+F7〉）命令，调出"变换"泊坞窗，然后设置参数如图6-8所示，再反复单击"应用到再制"按钮8次，结果如图6-9所示。

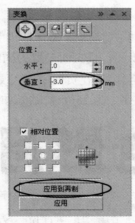

图6-7　绘制矩形　　　　　图6-8　设置变换参数　　　　　图6-9　复制矩形

8）利用工具箱中的 （挑选工具）框选所有矩形，然后按住键盘上的〈Ctrl〉键，将其移动到"电"字右边垂直笔画上单击鼠标右键，从而复制出一组矩形，结果如图6-10所示。

9）配合键盘上的〈Shift〉键选中所有矩形，然后执行菜单中的"窗口 | 泊坞窗 | 造形"命令，调出"造形"泊坞窗，在下拉列表中选择"修剪"，如图6-11所示，单击"修剪"按钮后单击页面中的文字"电"。接着移开矩形组，结果如图6-12所示。

图 6-10　复制一组矩形　　　　图 6-11　选择"修剪"　　　　图 6-12　修剪效果

10）同理，对其余文字进行处理，最终结果如图 6-1 所示。

6.2　轮廓文字效果

 要点：

本例将制作一个透视立体文字效果，如图 6-13 所示。通过本例的学习应掌握 字（文本工具）、囗（交互式轮廓图工具）、将整体文字分离为单个文字和■（渐变工具）的综合应用。

图 6-13　轮廓文字

操作步骤：

1）执行菜单中的"文件 | 新建"（快捷键〈Ctrl+N〉）命令，新建一个 CorelDRAW 文档。然后在属性栏中单击囗（横向）按钮，将页面设置为横向。

2）选择工具箱中的字（文本工具），在页面中输入文本"奥运"，然后在属性栏中设置"字体"为"华文行楷简"，字号为 300pt，结果如图 6-14 所示。

3）执行菜单中的"排列 | 对齐和分布 | 在页面居中"命令，将文字在页面居中对齐。

4）在默认 CMYK 调色板中单击青色，从而将文字填充为青色，如图 6-15 所示。

5）制作轮廓字效果。方法：选择工具箱中的囗（交互式轮廓图工具），设置△（轮廓色）为浅黄色，△（填充色）为朦胧绿色，其余的参数设置如图 6-16 所示，然后按键盘上的〈Enter〉键确认，结果如图 6-17 所示。

图 6-14　输入文字　　　　　　　　　　　　　图 6-15　将文字填充为青色

图 6-16　设置轮廓图参数

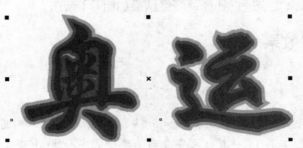

图 6-17　轮廓图效果

6）选择工具箱中的 <kbd></kbd>（挑选工具），在空白处单击取消选择，然后再单击青色文字，按键盘上的〈+〉键，复制出一个副本。接着在默认 CMYK 调色板中右键单击黄色，从而将复制后的文字的轮廓色设为黄色，结果如图 6-18 所示。

7）为了便于分别对两个文字进行填充，下面执行菜单中的"排列|拆分美术字"（快捷键〈Ctrl+K〉）命令，对两个文字进行拆分，结果如图 6-19 所示。

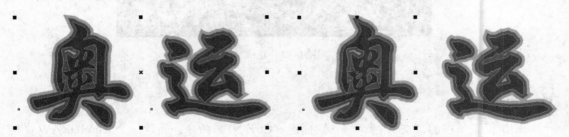

图 6-18　将复制后的文字的轮廓色设为黄色　　　　　图 6-19　对两个文字进行拆分

8）对文字"奥"进行渐变填充。方法：在工具箱中按住 <kbd></kbd>（填充工具），在弹出的工具条中选择 <kbd></kbd>（填充），然后在弹出的"渐变填充"对话框中单击"自定义"，并将渐变色设为绿－黄－红三色线性渐变，如图 6-20 所示。单击"确定"按钮，结果如图 6-21 所示。

　　提示：按快捷键〈F11〉，也可以调出"渐变填充"对话框。

9）将状态栏的渐变图标拖动到文字"运"上，如图 6-22 所示，从而使文字"运"的渐变填充与文字"奥"的相同，结果如图 6-23 所示。

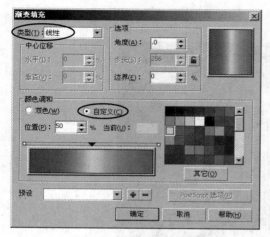

图 6-20 设置渐变填充色

图 6-21 对文字"奥"进行渐变填充效果

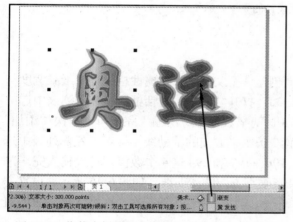

图 6-22 将状态栏的渐变图标拖动到文字"运"上

图 6-23 两个文字具有相同的渐变填充色

10)添加背景。方法:利用工具箱中的 □ (矩形工具)绘制一个矩形,然后在默认的 CMYK 调色板中单击蓝色,从而将矩形填充为蓝色。接着执行菜单中的"排列 | 顺序 | 到页面后面"(快捷键〈Ctrl+End〉)命令,将矩形置于底层,最终效果如图 6-13 所示。

6.3 三折页设计

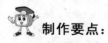 **制作要点:**

　　本例将制作卡通风格的宣传三折页(三折页正背内容及折页的立体展示效果)。三折页设计的立体展示效果如图 6-24 所示。CorelDRAW 中可以设置多页文档,因此我们将折页正面和背面放在同一个文件的不同页上。另外,通过本例学习应掌握利用"封套"对对象来进行造形;利用工具箱中的"交互式轮廓图工具"来制作多重彩色勾边的卡通文字;通过定义文本"样式"来提高排版时的效率,减少重复操作;通过"图框精确剪裁"功能,利用绘制的路径来裁切和修整图像;在开放的路径上沿线排文;在闭合的路径内部排文,使文本沿任意形状

编排的综合应用。

图 6-24   三折页设计的立体展示效果图

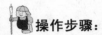操作步骤：

1）执行菜单中的"文件｜新建"命令，新创建一个文件，并在属性栏中设置纸张宽度与高度为 297mm × 216mm。然后按快捷键〈Ctrl+J〉打开"选项"对话框，在左侧列表中选中"水平"项，在右侧数值栏内依次输入 3 和 213 这两个数值，每次输入完毕单击一次"添加"按钮，如图 6-25 所示，此时将在页面内部设置 2 条水平方向的辅助线。接着在左侧列表中选中"垂直"项，在右侧数值栏内依次输入 3、100、197 和 294 这 4 个数值，每次输入完毕单击一次"添加"按钮，以同样的方法再设置 4 条垂直方向的辅助线，如图 6-26 所示，设置完毕，单击"确定"按钮。最后在窗口左下角单击 🔲（增加页码）按钮一次，在默认页后面增加一页，如图 6-27 所示。

提示：上下左右最边缘的辅助线是出血线，各线距边为 3mm；位于页面中间的两条垂直的辅助线定义的是三折页的中缝。

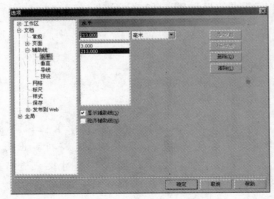

图 6-25   设置水平辅助线

图 6-26   设置垂直辅助线

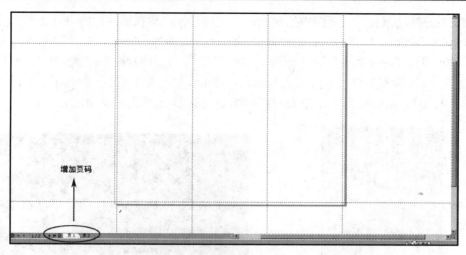

图6-27 设置辅助线和页码后的效果

2）双击工具箱中的▢（矩形工具），生成一个与页面同样大小的矩形。然后执行菜单中的"窗口｜泊坞窗｜颜色"命令，调出"颜色"泊坞窗，在其中设置填充色为深蓝色，参考颜色数值为CMYK（100，80，50，20）。接着右键单击"调色板"中的⊠（无填充色块）取消边线。最后右击矩形色块，在弹出的菜单中选择"锁定对象"命令，将矩形锁定。

3）在这个三折页中，有一个贯穿所有内容的核心图形——简洁的人形图标，它在页面中重复出现很多次，下面就来绘制这个图标。方法：使用工具箱中的◯（椭圆形工具）和⟍（贝赛尔工具）绘制如图6-28所示的简单人形，绘制完成后，将它填充为草绿色，参考颜色数值为CMYK（30，0，90，0）。然后利用▙（挑选工具）将构成人形的图形都选中，按快捷键〈Ctrl+G〉组成群组，并移动到如图6-29所示折页靠右侧位置（图形穿过靠右侧折缝）。

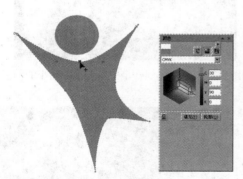

图6-28 绘制一个简洁的人形图标

图6-29 将人形图标放置在折页靠右（穿过折缝）位置

4）将人形图标复制一份并进行水平翻转。方法：利用工具箱中的▙（挑选工具）选中图形，然后按快捷键〈Alt+F9〉打开"变换"泊坞窗，在其中设置如图6-30所示，单击"应用到再制"按钮，从而在封面图形左侧得到一个复制的镜像图形。接着将它移动到如图6-31所示位置（超出页面外的部分后面要裁掉）。

5）靠右侧的折页是整个三折页的封面部分，在它的中心还有圆形图标和艺术文字。下面先来制作折页封面上的圆形图标。方法：首先利用工具箱中的◯（椭圆形工具），按住

〈Shift+Ctrl〉键拖动鼠标，在页面中绘制出一个正圆形，然后在属性栏内设置正圆的宽度与高度为 68mm × 68mm，填充为与背景相同的深蓝色，边线为草绿色，参考颜色数值为 CMYK（30，0，90，0），"轮廓宽度"为 1.5mm，如图 6-32 所示。接着按小键盘上的〈+〉键原位复制出一个正圆形，设置其宽度与高度为 50mm × 50mm，填充为天蓝色，参考颜色数值为 CMYK（100，0，0，0），从而得到一个中心对称的缩小的圆形，如图 6-33 所示。

图 6-30　在"变换"泊坞窗中进行水平翻转

图 6-31　将复制出的镜像图形移到右侧位置

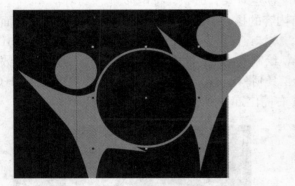

图 6-32　绘制出一个正圆形，设置填充与边线

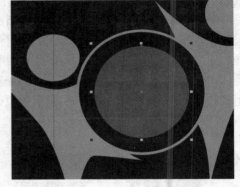

图 6-33　复制得到一个中心对称的缩小的圆形

6）接下来，再按小键盘上的〈+〉键原位复制出一个正圆形，设置其宽度与高度为 35mm × 35mm，填充为与背景相同的深蓝色，如图 6-34 所示。

7）在圆形图标的内部有一圈沿圆形边缘排列的文字，需要应用沿线排版的功能来实现。方法：利用工具箱中的 ▯（挑选工具）选中天蓝色的圆形，然后利用工具箱中的 字（文本工具）在圆形的外轮廓边缘上单击鼠标，插入光标。接着输入文本"CARTOON CLUB WILL MAKE YOUR WISH COME TRUE"，并在属性栏中设置"字体"为 Arial（读者可以自己选择适合的字体），字号为 12pt，文字颜色为白色。此时

图 6-34　复制出第 3 个正圆形并缩小

新输入的文字会沿着圆形的外轮廓进行排列，如图 6-35 所示，在属性栏内将"与路径距离"项设置为 1.5mm，文字与路径拉开一定的距离。

图 6-35　使文字沿着天蓝色圆形的外轮廓进行排列

8）将前面绘制好的两个人形图标各复制一份，然后缩小后置于如图 6-36 所示的中心位置，并将其中一个人形填充为白色，然后添加深蓝色（与背景色相同）的边线。

9）圆形图标内还包含一个非常重要的文字元素，它被设计为具有扭曲变形与多重勾边的卡通文字效果。下面先输入文字并转为曲线。方法：利用工具箱中的 字 （文本工具）在页面外输入文字"CARTOON"，并在属性栏中设置"字体"为 Gill Sans Ultra Bold（读者可以自己选择适合的字体，最好边缘圆滑而且笔画粗一些），字号为 36pt，文字颜色为草绿色，然后按快捷键〈Ctrl+Q〉将文本转为曲线，如图 6-37 所示。

图 6-36　复制出两个缩小的人形图标　　　　　图 6-37　输入文字并将其转为曲线

10）CorelDRAW 可以通过将封套应用于对象来为对象造形，因此我们利用"封套"变形的功能来变形文字。方法：按快捷键〈Ctrl+F7〉打开"封套"泊坞窗，在其中单击"添加新封套"按钮，如图 6-38 所示，此时文字周围会自动添加一圈矩形路径（封套）。封套由多个节点组成，可以通过移动这些节点来修改封套形状，如图 6-39 所示。此时文字随着封套的变形而发生扭曲变化。

图 6-38　"封套"泊坞窗　　　　　　　　　图 6-39　文字随着封套的变形而发生扭曲变化

11）同理，再输入文字"CLUB"并将其转换为曲线，然后制作封套变形，得到如图 6-40 所示的效果。接着利用 （挑选工具）将两个文字图形都选中，按快捷键〈Ctrl+G〉组成群组。

图 6-40　输入文字"CLUB"并制作封套变形

12）一般来说，多重彩色勾边是文字卡通化的一种常用修饰手法，可以产生一种可爱的描边效果。下面来制作第一层勾边。方法：利用 （挑选工具）选中文字组合，然后选择工具箱中的 （交互式轮廓图工具）在图形上从里向外拖动，松开鼠标后得到如图 6-41 所示的效果，接着将属性栏中的"轮廓图偏移"参数设为 1.5mm，此时文字向外勾出了一圈黑色的轮廓，形成了第 1 层勾边效果。最后执行菜单中的"排列｜拆分轮廓图群组于图层 1"命令，再利用 （挑选工具）单独选中文字的轮廓部分，将它的颜色改为与背景相同的深蓝色，并向左下方稍微移动一点距离，如图 6-42 所示。

13）接下来制作第 2 层勾边。方法：利用 （挑选工具）选中文字的轮廓部分，然后利用 （交互式轮廓图工具）在图形上从里向外拖动，当松开鼠标后得到如图 6-43 所示的效果。接着在属性栏中将"轮廓图偏移"参数设为 1mm，此时文字又向外勾出了一圈黑色的轮廓，形成了第 2 层勾边效果。

图 6-41　利用"交互式轮廓图工具"制作第 1 层勾边效果

图 6-42　拆分轮廓图并将它向左下方稍微移动一点距离

图 6-43　文字又向外勾出了一圈黑色的轮廓

14）执行菜单中的"排列｜拆分轮廓图群组于图层 1"命令，然后利用 ▨（挑选工具）单独选中文字的轮廓部分（第 2 层轮廓），将它的颜色改为天蓝色，并向左下方稍微移动一点距离，如图 6-44 所示。接着使用同样的方法，请读者自己制作文字的第 3 层勾边，颜色为与主体文字相同的草绿色，如图 6-45 所示。最后利用 ▨（挑选工具）将所有文字及勾边图形都选中，按快捷键〈Ctrl+G〉组成群组。

图 6-44　拆分第 2 层勾边图形并填充为天蓝色　　　图 6-45　添加第 3 层勾边图形并填充为草绿色

15）将制作好的卡通文字移至封面圆形图标下方，得到如图 6-46 所示的效果。然后将卡通文字复制一份，拆组后将所有勾边图形删掉，填充为白色，并放置到封面的最底端。此时缩小全页，整体效果如图 6-47 所示。

图 6-46　卡通文字与圆形图标拼合的效果　　　　图 6-47　在封面底部再复制一个白色的卡通文字

16）左侧折页版式较为规则，图、文以整齐的方式排列。下面先来制作图像的圆角效果。方法：利用工具箱中的 ▢（矩形工具），在页面之外绘制一个矩形框，然后利用工具箱中的 ▨（形状工具）在矩形的任一个角上向内拖动，得到圆角矩形（在属性栏内设置边线为浅蓝色，"轮廓宽度"为 0.75mm）。接着按快捷键〈Ctrl+I〉打开"导入"对话框，在其中选择配套光盘"素材及结果 \ 第 6 章 文本的使用 \6.3 三折页设计 \ 素材 \pic-1.tif，pic-2.tif…pic-5.tif"，单击"导入"按钮，此时鼠标光标变为置入图片的特殊状态，最后在页面中单击导入素材，如图 6-48 所示。

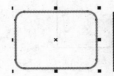

图 6-48　绘制圆角矩形框并导入 5 张素材小图片

17）利用工具箱中的 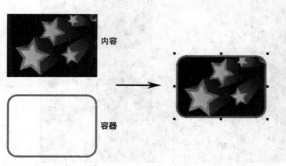（挑选工具）先单击 pic-1.tif，执行菜单中的"效果｜图框精确剪裁｜放置在容器中"命令，此时光标会变为一个很粗的黑色箭头，再用它单击圆角矩形框，此时图片会自动被放置在矩形框内，多余的部分会被裁掉，如图 6-49 所示。然后在属性栏中设置"对象大小"为 30mm × 21mm，并将图片移动到左侧页如图 6-50 所示的位置。

图 6-49　将图片"pic-1.tif"放置到圆角矩形框内　　　　图 6-50　将图片移动到左侧页上端

18）利用工具箱中的 字（文本工具）在页面中分别输入如图 6-51 所示的文本（美术字），将小标题"The biggest fan ever"的"字体"设为"Arial Black"（读者可以自己选择适合的粗体字），"字号"为 14pt，颜色为橘黄色，参考颜色数值为 CMYK（0，20，100，0）。然后将正文内容的"字体"设为"Arial"，"字号"为 10pt，颜色为白色。另外，在图形和正文的下面利用工具箱中的 （贝赛尔工具）绘制出一条浅蓝色的直线，"轮廓宽度"为 0.5mm。

图 6-51　输入美术字并设置文本属性

19）同理，请读者将其他 4 张小图片都置入圆角矩形内，然后输入各个部分的小标题文字和正文（字体字号颜色先不用设置），从而形成如图 6-52 所示的版面效果。注意，每张圆角矩形图片的尺寸都是 87mm × 87mm。接下来，将所有小图片、小标题文字和线条都选中，执行菜单中的"排列｜对齐和分布｜左对齐"命令，使它们纵向左侧对齐。最后也将正文的文本块左侧对齐。

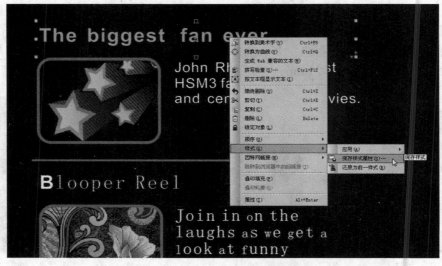

图 6-52　将小图片和文字都添加到版面中

20）如果逐个去修改每个文本块的文本属性，将是件费时费力的事，在 CorelDRAW 中使用文本样式可以大幅度地减少重复性操作，提高工作效率。下面先来定义文本样式。方法：利用 （挑选工具）点中小标题文字，单击鼠标右键，在弹出的菜单中选择"样式｜保存样式属性"命令，接着在弹出的对话框中进行设置，如图 6-53 所示，单击"确定"按钮。接着在弹出的对话框中进行设置如图 6-54 所示，单击"确定"按钮。此时小标题文本属性被保存为样式"text-1"，样式中包含了字体、字号、颜色、字距、行距等文本属性。最后将正文部分选中，定义为样式"text-2"。

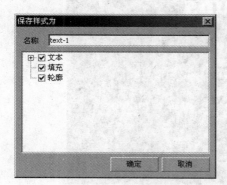

图 6-53　"保存样式为"对话框　　　　图 6-54　将小标题文字样式定义为"text-1"

21）现在可以应用刚才设置好的文本样式了。方法：利用工具箱中的 （挑选工具）点中另一个小标题文字，单击鼠标右键，在弹出的菜单中选择"样式｜应用｜text-1"命令，如图 6-55 所示，此时文字的字体、字号、颜色等属性会自动进行更换，如图 6-56 所示。同理，将所有小标题文字的样式都设置为"text-1"，而将所有正文都设置为"text-2"，如图 6-57 所示。

　　提示：对于版面中重复出现的相同属性的文本，一般都要定义为样式，以求精确和省时。

图 6-55 在右键弹出菜单中应用刚才存储的样式"text-1"

图 6-56 选中文字的字体、字号、颜色等属性自动更换

图 6-57 为所有文字应用样式

22）至此，折页正面的三页内容已制作完成，下面利用工具箱中的 ![](裁剪工具）画出一个矩形框（包括三折页的成品尺寸和出血），然后在框内双击鼠标。这样，框外多余的部分就都被裁掉，整体效果如图 6-58 所示。

23）单击窗口左下角图标"页2"进入下一页，这一页包含折页背面的3页。下面先来设置背景颜色。方法：利用工具箱中的 ![](矩形工具），如图 6-59 所示绘制出 3 个矩形，然后从左至右分别填充为草绿色，参考颜色数值为 CMYK（30，0，90，0）；深蓝色，参考颜色数值为 CMYK（100，80，50，20）；浅蓝色，参考颜色数值为 CMYK（50，0，0，0），接着右键单击"调色板"中的⊠（无填充色块）取消边线的颜色。

> 提示：位于中间页的矩形高度只需设为大约页面的一半即可。

图 6-58　进行版面裁切后的三折页正面效果

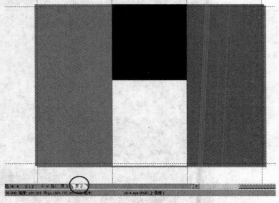

图 6-59　在第 2 页绘制 3 个矩形并进行填色

24）按快捷键〈Ctrl+I〉打开"导入"对话框，在其中选择配套光盘"素材及结果＼第 6 章 文本的使用＼6.3 三折页设计＼素材＼pic-6.eps"，单击"导入"按钮。然后在弹出的"导入 EPS"对话框中单击"曲线"单选按钮，如图 6-60 所示，单击"确定"按钮。此时鼠标光标变为置入图片的特殊状态，接着在页面中单击即可导入素材，如图 6-61 所示。由于图像上部的背景位于 Photoshop 剪切路径之外，因此置入后自动透明。最后将它放缩到合适大小后移到如图 6-62 所示中间页位置。

> 提示："pic-6.eps"图片事先在 Photoshop 中存储了一个路径，然后在"路径"面板中将路径存储为"剪切路径"，接着将图像存储为 Photoshop EPS 格式。这样，图片在置入 CorelDRAW 后会自动去除背景。

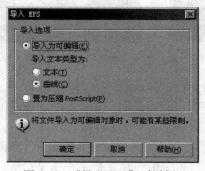

图 6-60　"导入 EPS"对话框

图 6-61　导入后的素材图"pic-6.eps"

图 6-62　将图像缩小后置于中间折页位置

25）利用工具箱中的 ![](贝赛尔工具）绘制出如图 6-63 所示的闭合图形（上部为弧形），并将它填充为白色，边线设置为无。然后在这部分白色图形上添加正文内容，如图 6-64 所示。

图 6-63　绘制白色闭合图形（上部为弧形）

图 6-64　在白色图形上添加正文内容

26）中间页制作完成后，下面进行左侧面的图文排版，并对置入后的左侧页的图像进行外形的修改。方法：按快捷键〈Ctrl+I〉打开"导入"对话框，在其中选择配套光盘"素材及结果 \ 第 6 章 文本的使用 \6.3 三折页设计 \ 素材 \pic-7.tif"，如图 6-65 所示。该图内容的主体是一个冲浪的人物。下面以它为中心，利用工具箱中的 ![](贝赛尔工具）绘制出如图 6-66 所示的闭合图形，外形随意，只要保证曲线流畅即可。然后左键单击"调色板"中的⊠（无填充色块）取消填充的颜色，轮廓线暂时设置为白色，"轮廓宽度"为 0.75mm。

27）接下来，以曲线路径为容器来裁切图像。方法：利用工具箱中的 ![](挑选工具）先点中冲浪的图像，执行菜单中的"效果 | 图框精确剪裁 | 放置在容器中"命令，此时光标变为一个很粗的黑色箭头，再用它点中刚才绘制的闭合路径，此时图片会自动被放置在容器内，多余的部分被裁掉，如图 6-67 所示。然后放大局部，利用 ![](形状工具）修改路径与节点，容器内的图像外形也随之发生变化，如图 6-68 所示。

图6-65　置入素材图"pic-7.tif"

图6-66　在图像上绘制闭合曲线路径

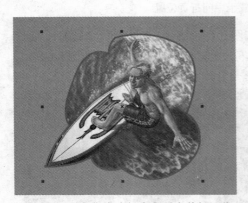
图6-67　以曲线路径为容器来裁切图像

图6-68　修改路径与节点，容器内的图像外形也随之发生变化

28）添加左侧页的文本，得到如图6-69所示的效果。

29）现在开始进行右侧面的图文排版，先将右侧页的基本图文置入。方法：按快捷键〈Ctrl+I〉打开"导入"对话框，在其中选择配套光盘"素材及结果\第6章 文本的使用\6.3三折页设计\素材\pic-8.tif"，如图6-70所示。然后参照前面步骤26）和27）的方法，利用"图框精确剪裁"功能将图片放置于一个椭圆形内，如图6-71所示。

30）回到"页1"，将折页封面上绘制的两个人形图标各复制一份，粘贴到"页2"的右侧及中间页中。然后调整大小、位置、旋转角度和颜色，如图6-72所示。

31）右侧页面中还有最后一个技术要点——图形内排文，这也是图文混排时常用的技巧。下面利用工具箱中的 ✎（贝赛尔工具）绘制出如图6-73所示的闭合图形，注意图形左侧的曲线与人形的曲线一致，这样能使图文在视觉上相呼应。然后利用工具箱中的 字（文本工具）在闭合路径上端单击鼠标，接下来输入的文本会自动排列在图形内部，如图6-74所示。最后右键单击"调色板"中的⊠（无填充色块）取消边线的颜色，

> 提示：图形内排文的路径一定要是闭合路径，开放路径上输入的文字会自动变为路径上排文。如果要将图形内排列的文本与图形分开，使两者成为独立的两个对象，可以执行菜单中的"排列|拆分路径内的段落文本"命令，即可使文本对象与路径分离。

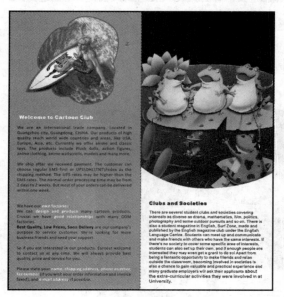

图 6-69　添加左侧页的文本

图 6-70　置入素材图"pic-8.tif"

图 6-71　利用"图框精确剪裁"功能
将图片放置于椭圆形内

图 6-72　复制两个人形图标贴入

图 6-73　绘制闭合路径

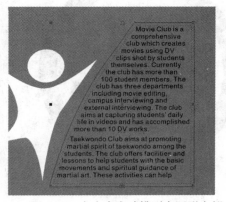

图 6-74　文本会自动排列在图形内部

32）此时三折页背面的 3 页也编排完毕，整体效果如图 6-75 所示。为了能够更加直观而真实地显示出最后的成品展示效果。下面在 Photoshop 中为三折页制作了一幅立体展示效果图，如图 6-24 所示。在 CorelDRAW 中也可以制作出同样的展示效果（包括倒影、投影和反光），这里限于篇幅，请读者自己思考制作。

图 6-75　三折页背面的整体编排效果

6.4　课后练习

（1）制作图 6-76 所示的印章效果。效果可参考配套光盘"素材及结果 \ 第 6 章 文本的使用 \6.4 课后练习 \ 练习 1\ 印章设计.cdr"文件。

（2）制作图 6-77 所示的名片效果。效果可参考配套光盘"素材及结果 \ 第 6 章 文本的使用 \6.4 课后练习 \ 练习 2\ 名片设计.cdr"文件。

图 6-76　练习 1 效果

图 6-77　练习 2 效果

第7章 交互式工具的使用

本章重点：

在 CorleDRAW X4 中利用交互式工具，可以制作出多种丰富的特效。通过本章内容的学习应掌握交互式工具在实际中的具体应用。

7.1 凸出立体文字效果

 要点：

本例将制作一个凸出立体文字效果，如图 7-1 所示。通过本例的学习应掌握 字（文本工具）、（交互式调和工具）和 （交互式阴影工具）的综合应用。

图 7-1 凸出立体文字

操作步骤：

1) 执行菜单中的"文件 | 新建"（快捷键〈Ctrl+N〉）命令，新建一个 CorelDRAW 文档。然后在属性栏中单击 （横向）按钮，将页面设置为横向。

2) 选择工具箱中的 字（文本工具），在页面中输入文本"青岛"，然后在属性栏中设置"字体"为"汉仪行楷简"，字号为 200pt，结果如图 7-2 所示。

3) 复制文字。方法：将鼠标移动到中心的 × 控制点上，然后按住鼠标左键，向右下方拖动到适当位置后单击右键，当鼠标变为 形状时松开鼠标，即可复制出一组文字。接着在默认 CMYK 调色板中单击 10% 黑，将复制后的文字填充为浅灰色，结果如图 7-3 所示。

图 7-2 输入文字　　　　　　　　　　　图 7-3 将复制后的文字填充为浅灰色

4）给文字添加阴影。方法：选择工具箱中的▣（交互式阴影工具），然后在属性栏"预设"列表中选择"中等辉光"，如图7-4所示。接着在属性栏中设置▣（阴影的不透明）为90，∅（阴影羽化）为10，在▭▾（阴影颜色）下拉色板中选择白色，结果如图7-5所示。

图7-4　选择"中等辉光"

图7-5　添加阴影效果

5）单击工具箱中的▣（挑选工具），然后按小键盘上的〈+〉键复制文字，接着在默认的CMYK调色板中单击90%的黑，结果如图7-6所示。

6）给文字填充渐变色。方法：再按小键盘上的〈+〉键复制文字，并将复制后的文字向左上方移动到适当位置，然后在工具箱中按住◆（填充工具），在弹出的工具条中选择▣（渐变），如图7-7所示。接着在弹出的"渐变填充"对话框中设置"从"的颜色为10%黑，"到"的颜色为白色，其余参数设置如图7-8所示，单击"确定"按钮，结果如图7-9所示。

图7-6　将复制后的文字设为90%的黑

图7-7　选择▣（渐变）

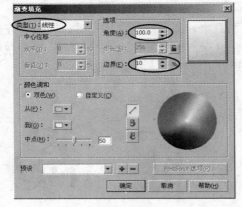

图7-8　设置渐变填充

图7-9　渐变填充效果

7）对文字进行调和。方法：选择工具箱中的 （交互式调和工具），对位于上方的渐变文字和 90% 黑的文字进行调和，结果如图 7-10 所示。

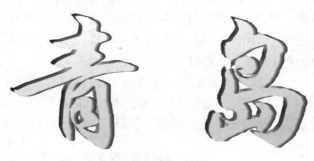

图 7-10 调和效果

8）添加背景。方法：利用工具箱中的 ▢（矩形工具）绘制一个矩形，如图 7-11 所示，然后在默认的 CMYK 调色板中单击青色，从而将矩形填充为青色，如图 7-12 所示。再执行菜单中的"排列 | 顺序 | 到页面后面"（快捷键〈Ctrl+End〉）命令，将矩形置于底层，最终效果如图 7-1 所示。

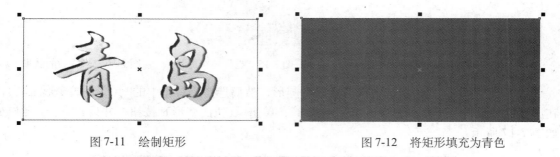

图 7-11 绘制矩形   图 7-12 将矩形填充为青色

7.2 名片设计

要点：

本例将制作一张名片效果，如图 7-13 所示。通过本例的学习应掌握"修剪"命令、▢（交互式变形工具）、▽（交互式透明工具）和 字（文本工具）的综合应用。

图 7-13 名片效果

操作步骤：

1）执行菜单中的"文件|新建"（快捷键〈Ctrl+N〉）命令，新建一个CorelDRAW文档。

2）利用工具箱中的 (椭圆工具)，配合〈Ctrl〉键，绘制一个正圆。然后利用工具箱中的 (矩形工具) 绘制一个矩形，如图7-14所示。

3）修建图形。方法：执行菜单中的"窗口|泊坞窗|造形"命令，调出"造形"泊坞窗，然后从下拉列表中选择"修剪"，如图7-15所示。接着选择页面中的矩形，单击"修剪"按钮后拾取页面中的正圆形，就可使用矩形修剪正圆形，并删除矩形，结果如图7-16所示。

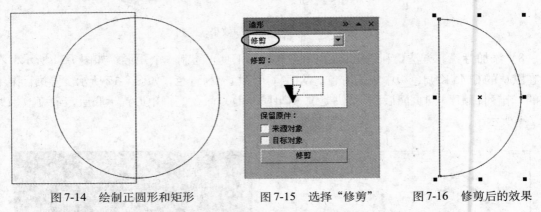

图7-14　绘制正圆形和矩形　　　图7-15　选择"修剪"　　　图7-16　修剪后的效果

4）变形图形。方法：选中修剪后的半圆形，然后选择工具箱中的 (交互式变形工具)，在属性栏"预设"下拉列表中选择"缠绕2"，单击 (扭曲变形) 按钮，并设置 ，结果如图7-17所示。

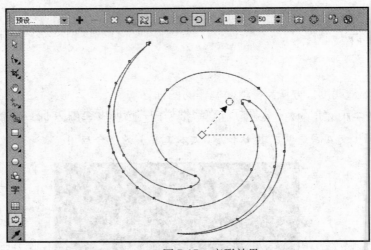

图7-17　变形效果

5）在默认的CMYK调色板中左键单击洋红色，从而将变形后的图形填充为洋红色。然后右键单击 色块，将轮廓色设为无色，结果如图7-18所示。

6）旋转复制对象。方法：选择复制后的图形，按小键盘上的〈+〉键，进行原地复制，然后在属性面板中将 ⟳ （旋转角度）设为 90 度，接着将填充色改为 20% 黑，结果如图 7-19 所示。最后同时选中两个变形后的图形，执行菜单中的"排列 | 群组"命令，将它们群组。

图 7-18　设置变形图形的颜色

图 7-19　旋转复制对象

7）利用工具箱中的 ▢ （矩形工具）绘制名片大小的一个矩形，并在属性栏中设置矩形的宽度和高度为 90mm × 55mm。然后将其填充为蓝色，如图 7-20 所示。

图 7-20　绘制矩形

8）调整图标透明度。方法：将前面制作的图标移动到图 7-21 所示的位置。然后利用工具箱中的 ▢ （交互式透明工具）选中图标，在属性栏中"透明度类型"下拉列表中选择"标准"，并将透明度设为 90，结果如图 7-22 所示。

9）将群组后的图标放置到矩形中。方法：选中图标，然后执行菜单中的"效果 | 图框精确剪裁 | 放置在容器中"命令，此时会出现一个 ➡ 图标，然后单击矩形框，结果如图 7-23 所示。

10）复制图形对象。方法：执行菜单中的"效果 | 图框精确剪裁 | 编辑内容"命令，然后选中群组后的图标，按小键盘上的〈+〉键，进行原地复制。接着将复制后的图形适当缩小，并将缩小后的灰色图形的颜色改为蓝色。最后再复制一个灰色图形，放置在名片左下方，如图 7-24 所示。

图 7-21 移动图标的位置

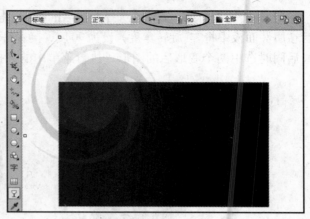

图 7-22 将图标透明度设为 90 的效果

图 7-23 将图标放置到矩形中

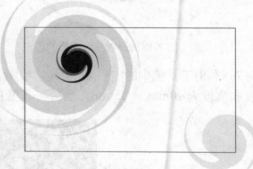

图 7-24 复制图形对象

11）执行菜单中的"效果|图框精确剪裁|结束编辑"命令，将所有复制后的图形放置到矩形中，结果如图 7-25 所示。

12）输入文字。方法：选择工具箱中的 字（文本工具），在属性栏中设置"字体"为"汉仪中黑简"，"字号"为14pt，然后在图标下方输入文字"三维电视台"，并将字色设为洋红色，结果如图 7-26 所示。

图 7-25 结束编辑效果

图 7-26 输入文字

13）同理，输入其余文字，最终效果如图 7-13 所示。

7.3　绘制水晶昆虫效果

 要点：

本例将绘制水晶昆虫效果，如图 7-27 所示。通过本例的学习应掌握 (椭圆工具)、 (矩形工具)、 (贝塞尔工具)、 (转换为曲线)、 (交互式阴影工具)、 (交互式透明度工具)、"渐变填充"和"图框精确剪裁"命令的综合应用。

图 7-27　水晶昆虫效果

操作步骤：

1) 执行菜单中的"文件|新建"（快捷键〈Ctrl+N〉）命令，新建一个 CorelDRAW 文档。然后在属性栏中设置纸张宽度与高度为 100mm × 100mm。

2) 绘制水晶昆虫身体的形状。方法：选择工具箱中的 (椭圆工具)，在页面上绘制一个正圆形，然后在属性栏中将其宽度和高度设为 44mm × 44mm，如图 7-28 所示。接着单击属性栏中的 (转换为曲线) 按钮，将其转换为曲线。最后利用工具箱中的 (形状工具) 调整形状如图 7-29 所示。

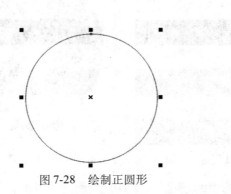

图 7-28　绘制正圆形　　　　　　图 7-29　调整形状

3) 填充图形。方法：选中图形，按快捷键〈F11〉，在弹出的"渐变填充"对话框中设置渐变"类型"为"射线"，"颜色调和"为"自定义"，"渐变色"为绿－黄－白色射线渐变，从左到右的颜色依次为 RGB（155，165，50）、RGB（255，245，0）、RGB（255，255，255），如图 7-30 所示。单击"确定"按钮，结果如图 7-31 所示。

4) 制作水晶昆虫身体上的花纹效果。方法：利用工具箱中的 (矩形工具) 绘制一个矩形，并在属性面板中将其宽度和高度设为 47mm × 8mm。然后按小键盘上的〈+〉键 3 次，复制 3 个矩形。接着调整它们的位置，并利用"排列|对齐和分布|垂直居中对齐"命令，将它们垂直居中对齐，结果如图 7-32 所示。最后将上面两个矩形的填充色设为黑色，将下面的两个矩形的颜色设为黑 －30% 黑 －20% 黑的射线渐变，并将 4 个矩形的轮廓色设为无色，结果如图 7-33 所示。

5）将条纹指定到昆虫身体中去。方法：框选4个矩形，在属性栏中单击 ▦（群组）按钮，将它们进行群组。然后执行菜单中的"效果|图框精确剪裁|放置在容器中"命令，此时会出现一个 ➡ 图标，接着单击作为水晶昆虫身体的图形，结果如图7-34所示。

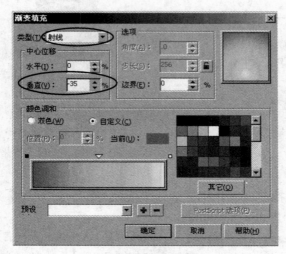

图7-30　设置渐变色　　　　　　　　　　　　　　图7-31　渐变填充效果

图7-32　将矩形垂直居中对齐　　　图7-33　设置矩形的填充色　　图7-34　将条纹指定到昆虫身体中去

6）绘制昆虫的头部。方法：利用工具箱中的 ◯（椭圆工具）绘制一个椭圆，然后在属性面板中将其宽度和高度设为25mm × 25mm。接着按快捷键〈F11〉，在弹出的"渐变填充"对话框中设置其填充色为黑 –70% 黑射线渐变，再将轮廓色为无色。最后将其放置到图7-35所示的位置。

7）绘制昆虫的触角。方法：利用工具箱中的 ▧（贝塞尔工具）绘制触角图形，如图7-36所示。然后按快捷键〈F12〉，在弹出的"轮廓笔"对话框中将"宽度"设为20像素，将"颜色"设为黑色。

8）制作触角的渐变色。方法：按小键盘上的〈+〉键原地复制一个触角对象，并将其填充色改为白色。然后利用工具箱中的 ▨（交互式透明度工具）选中复制后的触角，创建线性透明效果，结果如图7-37所示。

提示：如果选中白色的触角图形，执行菜单中的"排列 | 将轮廓转换为对象"命令，将其转换为对象后，可利用"渐变填充"对话框制作出同样的效果。

图 7-35　绘制昆虫的头部　　　　图 7-36　绘制触角图形　　　　图 7-37　创建触角的线性透明效果

9）绘制触角顶端的小球。方法：利用工具箱中的 （椭圆工具）绘制一个椭圆，然后在属性面板中将其宽度和高度设为 4mm × 4mm，接着按快捷键〈F11〉，在弹出的"渐变填充"对话框中设置填充色为黑 – 白射线渐变，中心位移在水平方向上为 –30%，如图 7-38 所示，单击"确定"按钮。最后轮廓色为无色，并将其放置到图 7-39 所示的位置。

10）镜像复制整个触角。方法：利用工具箱中的 （挑选工具）选中触角和触角顶端的小球，然后在属性栏中单击 （群组）按钮，将它们群组。接着单击左边中间的控制手柄，按住〈Ctrl〉键向右移动，再单击右键，从而镜像复制出另一侧的触角。最后执行菜单中的"排列 | 顺序 | 到页面后面"命令，将镜像复制后的触角置后，结果如图 7-40 所示。

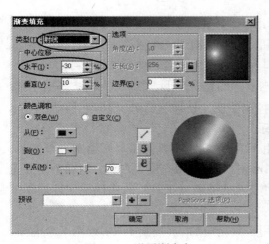

图 7-38　设置渐变色　　　　图 7-39　将触角放置到适当位置　图 7-40　镜像复制触角

11）绘制出翅膀。方法：利用工具箱中的 （贝塞尔工具）绘制形状，如图 7-41 所示。然后设置填充渐变色为 40% 黑 – 白的线性渐变，角度为 90 度，接着设置轮廓色为 40% 黑，结果如图 7-42 所示。

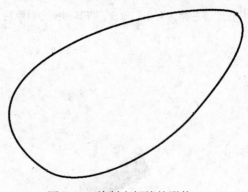

图7-41　绘制出翅膀的形状

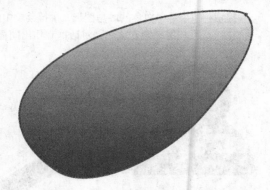

图7-42　设置填充渐变色和轮廓色的效果

12）制作出内部翅膀的半透明效果。方法：选中翅膀图形，按小键盘上的〈+〉键进行复制，然后对其适当等比例缩放后，将其填充为白色，轮廓色设为无色，结果如图7-43所示。接着利用工具箱中的 (交互式透明度工具) 创建线性透明效果，结果如图7-44所示。

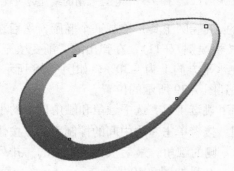

图7-43　将复制后的图形填充为白色

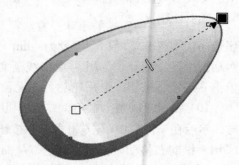

图7-44　创建线性透明效果

13）制作出外部翅膀的半透明效果。方法：利用 (交互式透明度工具) 选中外部翅膀图形，然后在属性栏中单击 (复制透明度属性) 按钮，此时会出现一个 图标，接着单击内部翅膀图形，最后同时选中内部和外部的翅膀，将其移动到适当位置，结果如图7-45所示。

14）利用工具箱中的 (挑选工具) 同时框选内外侧的翅膀图形，然后在属性栏中单击 (群组) 按钮，将它们群组。接着单击左边中间的控制手柄，按住〈Ctrl〉键向右移动，再单击右键，从而镜像复制出翅膀，结果如图7-46所示。

15）制作出昆虫头部的高光效果。方法：利用工具箱中的 (椭圆工具) 绘制一个椭圆，然后在属性面板中将其宽度和高度设为23mm×21mm，并将其填充设为白色，轮廓色设为无色，结果如图7-47所示。接着利用工具箱中的 (交互式透明度工具) 选中创建线性透明效果，结果如图7-48所示。

16）制作出昆虫身体上的高光效果。方法：利用工具箱中的 (椭圆工具) 绘制一个椭圆，然后在属性面板中将其宽度和高度设为38mm×33mm，并将其填充设为白色，轮廓色设为无色，结果如图7-49示。接着利用工具箱中的 (交互式透明度工具) 创建线性透明效果，结果如图7-50所示。

图 7-45　将半透明翅膀放置到适当位置

图 7-46　镜像复制出另一侧的翅膀

图 7-47　绘制椭圆

图 7-48　制作出头部的高光效果

图 7-49　绘制椭圆

图 7-50　制作出身体的高光效果

17）此时昆虫身上的透明效果有些死板，下面进一步刻画昆虫身体上的透明效果。方法：选中昆虫身体图形，按键盘上的〈+〉键进行复制。然后执行菜单中的"效果|创建图框剪裁|提取内容"命令，从复制后的图形中提取出4个矩形，再按键盘上的〈Delete〉键进行删除。接着利用工具箱中的 ⬜（交互式透明度工具）创建线性透明效果，结果如图 7-51 所示。

18）制作投影效果。方法：利用工具箱中的 ⬛（交互式阴影工具）选中复制后的身体图形，然后设置投影如图 7-52 所示。接着右键单击投影后的图形，从弹出的快捷菜单中选择"拆分阴影群组于图层"命令，将阴影进行拆分，最后执行菜单中的"排列|顺序|到页面后面"命令，将投影置后，最终效果如图 7-27 所示。

图 7-51　创建透明效果　　　　　　图 7-52　创建投影效果

7.4　透视立体文字效果

　要点：

本例将制作一个透视立体文字效果，如图 7-53 所示。通过本例的学习应掌握 ⬜（文本工具）、"添加透视"效果和 ⬜（立体化工具）的综合应用。

图 7-53　透视立体文字

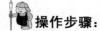**操作步骤：**

1）执行菜单中的"文件 | 新建"（快捷键〈Ctrl+N〉）命令，新建一个 CorelDRAW 文档。然后在属性栏中单击 □（横向）按钮，将页面设置为横向。

2）选择工具箱中的 字（文本工具），在页面中输入文本"Olympics"，然后在属性栏中设置"字体"为 Arial Black，字号为 130pt，结果如图 7-54 所示。

图 7-54　输入文字

3）将文字处理为透视效果。方法：利用 ▶（挑选工具）选中文字，然后执行菜单中的"效果 | 添加透视"命令，此时文字上会显示出网格，如图 7-55 所示。接着调整网格四角控制点的位置，如图 7-56 所示。

图 7-55　文字上显示出网格　　　　　　　　图 7-56　调整控制点的位置

4）给文字添加立体化效果。方法：选择工具箱中的 ❑（交互式立体化工具），然后在文字上按住左键并向下拖动到适当位置，如图 7-57 所示。

图 7-57　立体化效果

5）改变立体化效果的颜色。方法：在属性栏中单击 ❑（颜色）按钮，然后从弹出的下拉面板中设置"从"的色板为青色，"到"的色板为浅绿色，如图 7-58 所示，结果如图 7-59 所示。

6）改变立体化的类型。方法：在属性栏"立体化类型"下拉列表中选择 ✐，如图 7-60 所示，结果如图 7-61 所示。然后将鼠标放置到 ×控制柄上，按住鼠标左键向上拖动到适当位置，结果如图 7-62 所示。

图7-58 设置立体化效果的颜色　　　　　图7-59 改变立体化颜色的效果

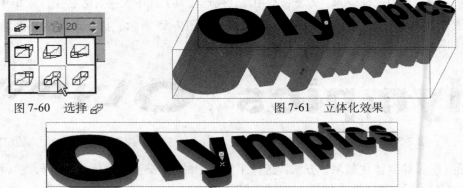

图7-60 选择 ⬛　　　　　　　　　图7-61 立体化效果

图7-62 调整立体化的大小

7）为立体化添加修饰边。方法：在属性栏中单击 ⬛（斜角修饰边）按钮，从弹出的下拉面板中设置参数如图7-63所示，结果如图7-64所示。

图7-63 置修饰边参数　　　　　　　　图7-64 修饰边效果

8）改变修饰边颜色。方法：在属性面板中单击 ⬛（颜色）按钮，然后在弹出的下拉面板中单击 ⬛ 按钮，使其凸起，然后将修饰边设置颜色为白色，如图7-65所示，结果如图7-66所示。

图 7-65 设置修饰边颜色   图 7-66 将修饰边设置为白色的效果

9）改变立体化效果的光线。方法：在属性栏中单击 （照明）按钮，在弹出的下拉面板中单击 ，并将其移动到适当位置，并将"强度"设为 75，如图 7-67 所示，结果如图 7-68 所示。

图 7-67 设置照明参数   图 7-68 改变立体化的光线效果

10）给文字添加背景。方法：利用工具箱中的 □（矩形工具）在画面上绘制一个矩形，然后单击工具箱中的 ◇ 工具，从弹出的下拉工具组中选择 ■（渐变），如图 7-69 所示。接着在弹出的"渐变填充"对话框中进行设置，如图 7-70 所示，单击"确定"按钮。最后执行菜单中的"排列|顺序|到页面后面"（快捷键〈Ctrl+End〉）命令，将矩形放置到文字后面，最终结果如图 7-53 所示。

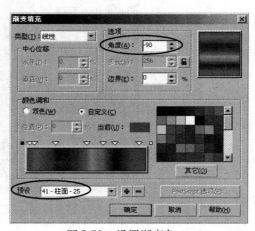

图 7-69 选择 ■（渐变）   图 7-70 设置渐变色

7.5 课后练习

（1）制作图 7-71 所示的立体五角星效果。效果可参考配套光盘"素材及结果 \ 第 7 章交互工具的使用 \7.5 课后练习 \ 练习 1\ 立体五角星.cdr"文件。

（2）制作图 7-72 所示的倒角立体字效果。效果可参考配套光盘"素材及结果 \ 第 7 章交互工具的使用 \7.5 课后练习 \ 练习 2\ 倒角立体字效果.cdr"文件。

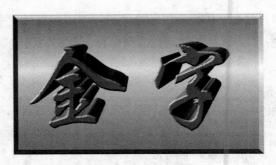

图 7-71　练习 1 效果　　　　　　　　　　　　　　　图 7-72　练习 2 效果

（3）制作图 7-73 所示的广告版面效果。效果可参考配套光盘"素材及结果 \ 第 7 章交互工具的使用 \7.5 课后练习 \ 练习 3\ 广告版面制作.cdr"文件。

图 7-73　练习 3 效果

第8章　位图滤镜特效与透镜效果的使用

本章重点：

在 CorelDRAW X4 中可以对导入的位图进行色调，以及颜色的亮度、强度和深度的调整，从而提高位图颜色的质量。此外，在 CorelDRAW X4 中还可以对位图添加 10 类位图处理滤镜。通过使用这些滤镜可以使图像产生多种特殊变化。通过本章内容的学习应掌握位图滤镜特效与透镜效果在实际中的具体应用。

8.1　光盘盘面设计

 要点：

本例将设计一个光盘盘面，如图 8-1 所示。通过本例的学习应掌握"颜色"和"变换"泊坞窗，（椭圆工具）、字（文本工具）和（交互式阴影工具）以及"放置在容器中"命令的综合应用。

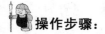 操作步骤：

1) 执行菜单中的"文件|新建"（快捷键〈Ctrl+N〉）命令，新建一个 CorelDRAW 文档。

图 8-1　光盘盘面设计

2) 利用工具箱中的（椭圆工具），配合键盘上的〈Ctrl〉键，在工作区中绘制一个正圆形。然后在椭圆工具属性栏中将圆形的直径设置为 116.0mm，如图 8-2 所示。

3) 执行菜单中的"窗口|泊坞窗|变换|比例"命令，调出"变换"泊坞窗，然后设置参数如图 8-3 所示，单击"应用到再制"按钮，此时会产生一个大小为原图形 30% 的圆形，如图 8-4 所示。

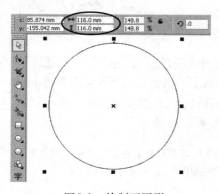

图8-2　绘制正圆形

图8-3　设置变换参数

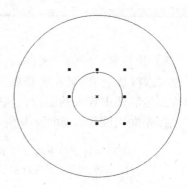

图8-4　复制一个大小为原图形30%的圆

4）再次单击"应用到再制"按钮，结果如图8-5所示。

5）将"水平"和"垂直"比例数值设为240%，如图8-6所示。单击"应用到再制"按钮，结果如图8-7所示。

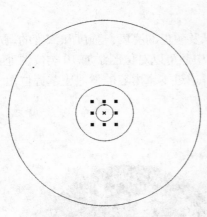 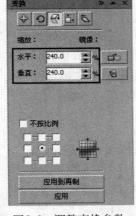 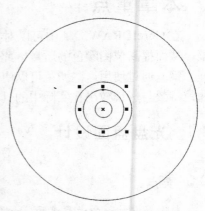

图8-5　复制效果　　　　图8-6　调整变换参数　　图8-7　复制一个大小为原图形240%的圆

6）执行菜单中的"窗口 | 泊坞窗 | 颜色"命令，调出"颜色"泊坞窗。然后选中最小的圆，将"填充"设为"白"色，"轮廓"设置为"无"色。然后执行菜单中的"排列 | 顺序 | 向前一层"命令（快捷键〈Ctrl+PageUp〉），将其向前调整一层。

7）选中中间的两个圆，"填充"分别设置为"银灰"和"蓝"色，"轮廓"设置为"无"色，如图8-8所示。

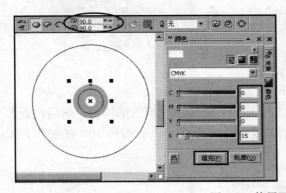 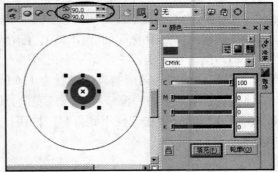

图8-8　使用不同颜色填充圆

8）执行菜单中的"文件 | 导入"命令（或者单击工具栏中的 ![导入按钮] （导入）按钮），导入配套光盘"素材及结果\第8章 位图滤镜特效与透镜效果的使用\8.1 光盘盘面设计\鸟语花香.jpg"图片。然后选中导入的图片，执行菜单中的"效果 | 图框精确裁剪 | 放置在容器中"命令，再将光标指向大圆形，如图8-9所示。接着单击鼠标，结果如图8-10所示。

提示：可以执行菜单中的"效果 | 图框精确裁剪 | 编辑内容"命令，可以对放置在容器中的图片进行再次编辑。编辑后执行菜单中的"效果 | 图框精确裁剪 | 结束编辑"命令即可结束编辑。

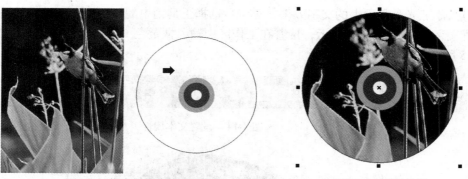

图 8-9 将光标指向大圆形

图 8-10 图形效果

9）制作光盘的灰边效果。方法：利用工具箱中的<!-- icon -->（挑选工具）选中大圆形，然后将轮廓宽度设为 2.0mm，将轮廓色设为淡灰色，结果如图 8-11 所示。

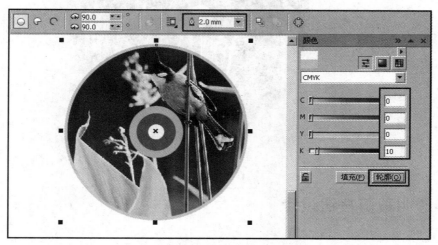

图 8-11 制作光盘的灰边效果

10）制作光盘的阴影效果。方法：利用工具箱中的<!-- icon -->（挑选工具）选中大圆形，然后选择工具栏中的<!-- icon -->（交互式阴影工具），在属性栏中设置参数如图 8-12 所示，结果如图 8-13 所示。

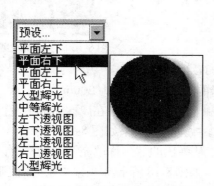

图 8-12 设置交互式阴影参数

图 8-13 阴影效果

11）添加光盘盘面上的文字效果。方法：选择工具箱中的（文本工具），然后在属性栏中设置文字属性如图8-14所示，接着在工作区中输入橘黄色文本"自然图库"，放置位置如图8-15所示。

图8-14　设置文本属性

图8-15　最终效果

8.2　半透明裁剪按钮设计

要点：

本例将制作一个半透明裁剪按钮效果，如图8-16所示。通过本例的学习应掌握 （矩形工具）、 （贝塞尔工具）、 （交互式透明工具）、将矢量图形转换为位图和"高斯式模糊"位图滤镜的综合应用。

图8-16　半透明裁剪按钮

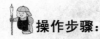
操作步骤：

1）执行菜单中的"文件|新建"（快捷键〈Ctrl+N〉）命令，新建一个CorelDRAW文档。然后在属性栏中设置纸张的宽度和高度均为200mm。

2）选择工具箱中的 （矩形工具），在页面中绘制一个矩形，然后在属性面板中设置矩形的宽度和高度均为100mm，"边角圆滑度"为25，参数设置及结果如图8-17所示。

3）在左下方状态栏中单击 （填充）右侧色块，从弹出的"匀称填充"对话框中设置颜色为灰色，颜色参考值为CMYK（35，25，25，10），如图8-18所示，单击"确定"按钮。然后右键单击默认的CMYK调色板中的 （无色），将轮廓色设为无色，结果如图8-19所示。

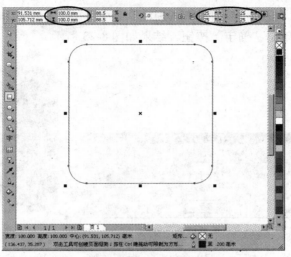

图 8-17　绘制一个圆角矩形

图 8-18　设置填充色

图 8-19　填充后的效果

4）为了对圆角矩形进行模糊处理，下面执行菜单中的"位图|转换为位图"命令，在弹出的对话框中的设置如图 8-20 所示，结果如图 8-21 所示，从而将矢量图形转换为位图。

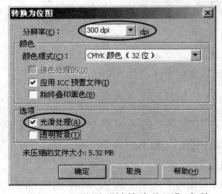

图 8-20　设置"转换为位图"参数

图 8-21　转换为位图效果

5）执行菜单中的"位图|模糊|高斯式模糊"命令，在弹出的"高斯式模糊"对话框中的设置如图8-22所示，单击"确定"按钮，结果如图8-23所示。

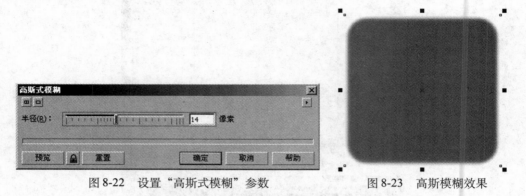

图8-22 设置"高斯式模糊"参数　　　　　　图8-23 高斯模糊效果

6）选择工具箱中的▢（矩形工具），在页面中再绘制一个矩形，然后在属性面板中设置矩形的宽度和高度均为93mm，"边角圆滑度"为25，接着执行菜单中的"排列|对齐和分布|在页面居中"命令，将其在页面中进行居中，结果如图8-24所示。

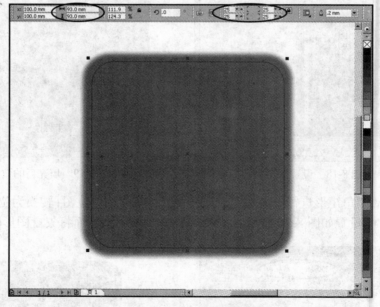

图8-24 创建圆角矩形

7）在属性面板的▨（轮廓宽度）右侧设置圆角矩形的轮廓宽度为4mm，然后在默认CMYK调色板中设置右键单击10%黑，从而将轮廓色设为10%黑。接着双击状态栏中的▨（填充）右侧色块，在弹出的"匀称填充"对话框中设置填充色为CMYK（75，15，25，5），如图8-25所示，单击"确定"按钮，结果如图8-26所示。

8）选择工具箱中的▢（矩形工具），在页面中再绘制一个矩形，然后在属性面板中设置矩形的宽度和高度均为80mm，"边角圆滑度"为25，接着执行菜单中的"排列|对齐和分布|在

页面居中"命令，将其在页面中进行居中，结果如图 8-27 所示。最后将其填充色设为 CMYK（55，0，15，0），轮廓设为⊠（无色），结果如图 8-28 所示。

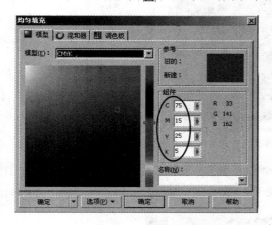

图 8-25　设置填充参数

图 8-26　调整填充和轮廓的效果

图 8-27　创建圆角矩形

图 8-28　调整填充和轮廓的效果

9）执行菜单中的"位图 | 转换为位图"命令，在弹出的"转换为位图"对话框中的设置如图 8-29 所示，单击"确定"按钮。然后执行菜单中的"位图 | 模糊 | 高斯式模糊"命令，在弹出的对话框中的设置如图 8-30 所示。单击"确定"按钮，结果如图 8-31 所示。

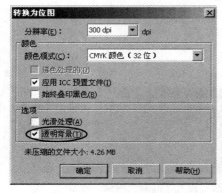

图 8-29　设置"转换为位图"参数

图 8-30　设置"高斯式模糊"参数

图 8-31　"高斯式模糊"效果

10）利用工具箱中的 （贝塞尔工具）绘制一个路径，如图8-32所示。然后按快捷键〈F12〉，在弹出的"轮廓笔"对话框中的设置如图 8-33 所示。单击"确定"按钮，结果如图8-34所示。

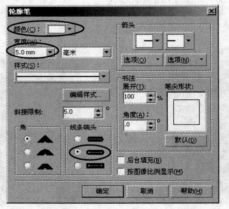

图 8-32　绘制路径　　　　图 8-33　设置"轮廓笔"参数　　　图 8-34　调整参数后的效果

11）执行菜单中的"位图|转换为位图"命令，在弹出的"转换为位图"对话框中的设置如图 8-35 所示，单击"确定"按钮。然后执行菜单中的"位图|模糊|高斯式模糊"命令，在弹出的对话框中的设置如图 8-36 所示。单击"确定"按钮，结果如图 8-37 所示。

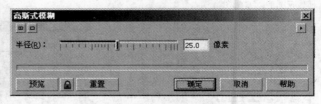

图 8-35　设置"转换为位图"参数　　　　图 8-36　设置"高斯式模糊"参数

12）选择工具箱中的 ▣（矩形工具），在页面中再绘制一个矩形，然后在属性面板中设置矩形的宽度和高度均为 80mm，"边角圆滑度"为 25，接着执行菜单中的"排列|对齐和分布|在页面居中"命令，将其在页面中进行居中，结果如图 8-38 所示。

图 8-37　"高斯式模糊"效果　　　　　　　图 8-38　绘制圆角矩形

13）添加节点。方法：单击属性栏中的 ⚙（转换为曲线）按钮，将圆角矩形转换为曲线，如图 8-39 所示。然后选择工具箱中的 ▨（形状工具），在曲线下面的边的中部单击右键，从弹出的快捷菜单中选择"添加"命令，如图 8-40 所示，从而添加一个节点，如图 8-41 所示。

提示：选择 ▨（形状工具），在曲线下面的边的中部双击鼠标也可添加一个节点。

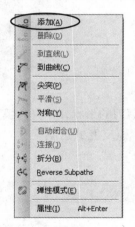

添加(A)
删除(D)
到直线(L)
到曲线(C)
尖突(P)
平滑(S)
对称(Y)
自动闭合(U)
连接(L)
折分(B)
Reverse Subpaths
弹性模式(E)
属性(I)　Alt+Enter

图 8-39　将圆角矩形转换为曲线　　图 8-40　选择"添加"命令　　　　图 8-41　添加节点

14）调整形状。方法：分别选择下方两个圆角处的两个节点进行删除，然后调整添加的节点位置，如图 8-42 所示。接着右键单击最下方的两个节点，从弹出的快捷菜单中选择"尖突"命令，如图 8-43 所示，再调整形状如图 8-44 所示。

15）右键单击默认的 CMYK 调色板中的 ⊠（无色），将轮廓色设置为无色。然后左键单击默认的 CMYK 调色板中的白色，将填充设为白色，结果如图 8-45 所示。

16）调整透明度。方法：选择工具箱中的 ▣（交互式透明工具）单击该图形，然后在属性栏中设置 ┝─┌─▓ ₇₀，结果如图 8-46 所示。

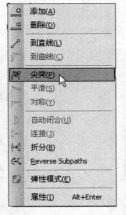

图 8-42　调整添加节点的位置　　图 8-43　选择"尖突"命令　　图 8-44　调整形状

图 8-45　将图形填充为白色　　　　　　　　图 8-46　调整不透明度的效果

17）利用 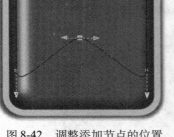（贝塞尔工具）绘制剪刀的形状，并将其填充为CMYK（75，25，35，10），如图 8-47 所示。然后选择工具箱中的 （交互式透明工具）单击剪刀图形，再在属性栏中设置 ，结果如图 8-48 所示。

图 8-47　绘制剪刀图形　　　　　　　　　图 8-48　调整剪刀图形的透明度

18）执行菜单中的"排列 | 顺序 | 向后一层"命令，将剪刀图形向后移动一层，最终结果如图 8-16 所示。

8.3 宣传折页设计

 要点：

本例将制作一个舞蹈演出的宣传折页（封面、封底的平面效果和折页的立体展示效果），如图 8-49 所示。该例制作上主要分为图像颜色处理和图文排版两部分。其中图像颜色处理的功能包括"茶色玻璃"、"取消饱和"、"亮度 / 对比度 / 强度"、"取消饱和"、"颜色平衡"、"色度 / 饱和度 / 亮度"等；而图文排版部分包括对文字进行图框精确剪裁、"段落格式化"面板的应用等。通过本例的学习应掌握宣传折页设计的方法。

图 8-49 宣传折页设计的立体展示效果

操作步骤：

1．制作折页的平面展示效果图

1）执行菜单中的"文件 | 新建"命令，新创建一个文件，并在属性栏中设置纸张宽度与高度为 294mm × 150mm。然后按快捷键〈Ctrl+J〉打开"选项"对话框，在左侧列表中选择"水平"项，在右侧数值栏内依次输入 3，51，99，147 这几个数值，每次输入完后单击一次"添加"按钮，如图 8-50 所示，这表示在页面内部设置 4 条水平方向的辅助线。接着在左侧列表中选择"垂直"项，在右侧数值栏内依次输入 3，51，99，147，291 这 5 个数值，每次输入完后单击一次"添加"按钮，以同样的方法再设置 5 条垂直方向的辅助线，如图 8-51 所示。最后，单击"确定"按钮，此时页面辅助线分布如图 8-52 所示。

> 提示：上下左右最边缘的辅助线是出血线，各线距边为 3mm；位于页面中间的一条垂直的辅助线定义的是对折页的中缝；其他辅助线用来定位封面中 3 行 3 列的图像内容。

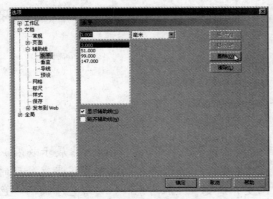 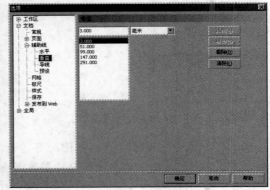

图 8-50　设置水平辅助线　　　　　　图 8-51　设置垂直辅助线

图 8-52　设置辅助线后的效果

2）此时左侧页面被辅助线分为了 3 行 3 列，在这些正方形网格中要置入不同的图像或文字，下面先来绘制需要底色的正方形网格。方法：利用工具箱中的 □（矩形工具）绘制 3 个矩形（注意边缘的矩形要包括出血面积）。然后执行菜单中的"窗口｜泊坞窗｜颜色"命令，调出"颜色"泊坞窗，再将第 1 行第 1 列矩形填充为浅蓝色，参考颜色数值为 CMYK（30，10，0，0），接着右键单击"调色板"中的 ⊠（无填充色块）取消边线；最后将第 1 行第 3 列的矩形填充为浅粉色，参考颜色数值为 CMYK（0，20，20，0），取消边线；再将第 2 行第 2 列矩形填充为深灰色，参考颜色数值为：CMYK（0，0，0，80）。取消边线，结果如图 8-53 所示的状态。

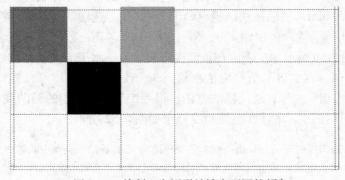

图 8-53　绘制 3 个矩形并填充不同的颜色

3）在刚才绘制的 3 个矩形中间的网格中（包括出血面积）绘制一个矩形框（无填充色），将它作为置入图像的容器，如图 8-54 所示。然后将图片置入。方法：按快捷键〈Ctrl+I〉，打开如图 8-55 所示的"导入"对话框，在其中选择配套光盘"素材及结果\第 8 章 位图滤镜效果与透镜效果的使用\8.3 宣传折页设计\素材\ballet-1.tif"，单击"导入"按钮，此时鼠标光标变为置入图片的特殊状态，在页面中单击即可导入素材，如图 8-56 所示。

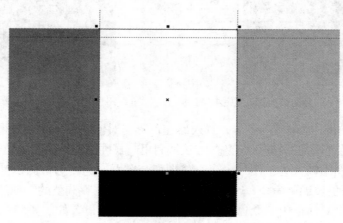

图 8-54　绘制黑色闭合图形

图 8-55　在"导入"对话框中导入素材图片

图 8-56　配套光盘提供的素材图"ballet-1.tif"

4）利用工具箱中的 ▣（挑选工具）选择工作区中的 ballet-1.tif，执行菜单中的"效果｜图框精确剪裁｜放置在容器中"命令，此时光标会变为一个很粗的黑色箭头。然后用它点中这个矩形框，图片即会自动被放置在矩形框内，并将多余的部分裁掉，如图 8-57 所示。

5）同理，将配套光盘"素材及结果\第 8 章 位图滤镜特效与透镜效果的使用\8.3 宣传折页设计\素材\ballet-2.tif"、"ballet-3.tif"、"ballet-4.tif"、"ballet-5.tif"和"ballet-6.tif"5 张图片置入到相应的矩形框内，如图 8-58 所示。然后将图片和矩形框全部选中，右键单击"调色板"中的▢（无填充色块）将边线设为无。

图 8-57　图片自动被放置在矩形框内　　　　图 8-58　将其余 5 张图都置入到相应的矩形框内

6）置入的图片由于原稿情况各异，置入后在色彩与对比度等方面会显得不和谐，因此要对其中一些图片的色彩和阶调进行调整。方法：利用 ▨（挑选工具）点中位于第 1 行的图片，执行菜单中的"位图 | 转换为位图"命令，将图像与容器一起转为位图。然后执行菜单中的"位图 | 创造性 | 茶色玻璃"命令，这是针对位图图像进行色彩调整的一项滤镜功能，接着在弹出的"茶色玻璃"对话框中"颜色"右侧选择一种蓝色，设置如图 8-59 所示，设置完成后单击"确定"按钮，此时图像得到一种仿佛被蒙上了半透明蓝色滤色片的效果，如图 8-60 所示。

7）位于第 2 行 3 列的图像是一幅彩色图像，这里需要将它处理为低调的灰度效果。方法：利用 ▨（挑选工具）点中位于第 2 行 3 列的图片，然后执行菜单中的"位图 | 转换为位图"命令，将图像与容器一起转为位图。接着执行菜单中的"效果 | 调整 | 取消饱和"命令，这项命令可直接将彩色图像转变为灰度效果，如图 8-61 所示。

图 8-59　选择一种蓝色

图 8-60　位于第 1 行的图像仿佛被蒙上了半透明蓝色滤色片　　　图 8-61　图像处理为灰度效果

8）转为灰度效果后图像整体偏亮，下面执行菜单中的"效果 | 调整 | 亮度 / 对比度 / 强

度"命令，在打开的"亮度/对比度/强度"对话框中的设置如图 8-62 所示，单击"确定"按钮，从而降低亮度，提高对比度，效果如图 8-63 所示。

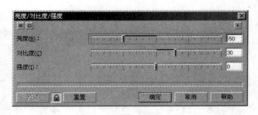

图 8-62　"亮度/对比度/强度"对话框　　　　图 8-63　降低亮度，提高对比度后的效果

9）接下来，选中位于第 3 行 2 列的图像，如图 8-64 所示。这是一张带有旧照片感觉的黑白图片，我们准备赋予它一些偏褐的色调，将它处理成为含蓄的双色调图。方法：利用  （挑选工具）点中位于第 3 行 2 列的图片，执行菜单中的"位图｜转换为位图"命令，然后执行菜单中的"效果｜调整｜颜色平衡"命令，在打开的"颜色平衡"对话框中的设置如图 8-65 所示，改变"色频通道"下各基本色的颜色相对含量，使黑白图像变为柔和的褐色调图片，单击"确定"按钮，效果如图 8-66 所示。

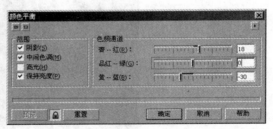

图 8-64　选中位于第 3 行 2 列的图像　　　　图 8-65　改变"色频通道"下各颜色含量

图 8-66　黑白图像变为柔和的褐色调图片

10）对于如图8-67所示的最后一张图像（位于第3行3列的图片），只需要降低它的饱和度与亮度即可。方法：利用 ▨（挑选工具）点中位于第3行3列的图片，先执行菜单中的"位图｜转换为位图"命令，将图像与容器一起转为位图。然后执行菜单中的"效果｜调整｜色度/饱和度/亮度"命令，在打开的对话框中的设置如图8-68所示，图像整体变灰，单击"确定"按钮。现在缩小左侧全图看一看第3行3列图像和色块拼接的整体效果，如图8-69所示。

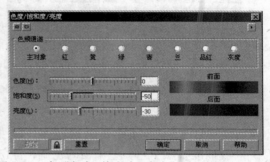

图8-67　选中位于第3行3列的图像　　　　图8-68　在"色度/饱和度/亮度"对话框中设置参数

图8-69　第3行3列图像和色块拼接的整体效果

11）图像位置和颜色调节完成后，下面在图像和色块上添加文字，先来制作最左上角的浅蓝色矩形内部的文字。方法：利用工具箱中的 字（文本工具）在页面外输入数字"2008"，设置属性栏的"字体"为Arial Black，"字号"为100pt，如图8-70所示拖动文本框右下角横向的小箭头向左移动，使字距减小。然后，按快捷键〈Ctrl+F8〉将文本转为美术字，并复制一份如图8-71所示的上下错开的排列。最后，将文字颜色填充为橙灰色，参考颜色数值为CMYK（10，40，40，0）。

图 8-70　输入数字"2008"并减小字距 　　　　　图 8-71　将数字复制一份并上下错开排列

12）利用工具箱中的 [字]（文本工具）输入文本"ROYAL BALLE THEATRE"，如图 8-72 所示，然后在属性栏中设置"字体"为 Arial Black，填充为深灰色，参考颜色数值为 CMYK（0，0，0，60），然后拖动文本框右下角纵向的小箭头向上移动，使行距减小，如图 8-73 所示。接下来，要使 3 行文字居中对齐。方法：执行菜单中的"文本｜段落格式化"命令，打开"段落格式化"面板，在如图 8-74 所示的下拉式菜单中选择"中"，文本自动居中对齐。

13）再制作一个缩小的白色文本块"2008"，然后将所有文本进行拼接，得到如图 8-75 所示的效果。接着利用 [挑选工具] 将所有文字都选中，按快捷键〈Ctrl+G〉组成群组。

图 8-72　输入 3 行文本 　　　　　　　　　图 8-73　拖动文本框右下角纵向的小箭头向上移动，减小行距

图 8-74　在"段落格式化"面板中使 3 行文字居中对齐 　　　　图 8-75　将所有文本进行拼接

14）在第 1 行第 1 列的淡蓝色矩形上面再绘制一个矩形框（无填充色），如图 8-76 所示，将它作为置入图像的容器。矩形框位置定好之后，利用工具箱中的 [挑选工具] 点中刚才成组的文字，执行菜单中的"效果｜图框精确剪裁｜放置在容器中"命令，光标变为一个很

粗的黑色箭头，用它点中这个矩形框，成组的文字自动被放置在矩形框内，多余的部分被裁掉，如图8-77所示。右键单击"调色板"中的⊠（无填充色块）取消边线。

> 提示：如果对贴入框内的相对位置不满意，可执行菜单中的"效果 | 图框精确剪裁 | 编辑内容"命令，进行重新编辑。修改后再执行菜单中的"效果 | 图框精确剪裁 | 结束编辑"命令即可。

图8-76　再绘制一个矩形框作为容器　　　　图8-77　成组的文字自动被放置在矩形框内

15）左侧页面上其余文字请读者参考图8-78所示自己添加，形成疏密有致的版面效果。然后在右侧页面上绘制一个与页面等大的矩形，填充为明亮的橘黄色，参考颜色数值为CMYK（0，50，90，0）。作为右侧页面的背景图形，如图8-79所示。

图8-78　左侧页面形成疏密有致的版面效果　　　图8-79　右侧页面上绘制一个桔黄色的矩形

16）右侧页面主要以文字内容为主，首先利用字（文本工具）输入文本后再进行具体调整。请遵循以下的原则：将每一段文本分一个文本块进行输入，字体特殊的单行文本作为一个单独的文本块，如图8-80所示。CorelDRAW中添加的文本分为两种类型：美术字和段落文字。在添加文字前先用字（文本工具）划出段落文本框再输入的文本，默认为是段落文本。美术字通常为一个词或简单的句子，常常是单个的图形对象，而段落文本主要用于对格式要求高的较大篇幅文本中，通常为一整段的内容。这二者可通过快捷键〈Ctrl+F8〉来进行切换。读者请根据版面具体设计决定文本作为哪一种形式来编辑。

17）参照图8-81所示版式编排文字，对文字进行大小、疏密、颜色的设置，关于文本基本属性的设置请读者参看本书第1章第7节的内容。

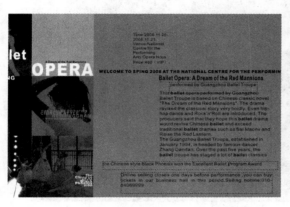

图 8-80　先将版面段落文字分文本块进行输入

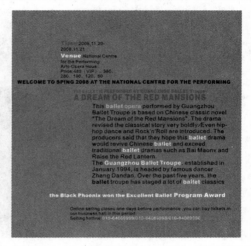

图 8-81　对文字进行大小、疏密、颜色的设置

18）基本正文编排完成后，作为装饰图形，下面在版面下部添加两个英文单词（作为单个图形对象进行编辑的少量文本可设置为美术字），并在属性栏中设置"字体"为Arial Rounded MT Bold，填充为一种暖灰色，参考颜色数值为CMYK（0，30，30，15），然后利用 📐（挑选工具）点中文字，多次执行菜单中的"排列｜顺序｜向后一层"命令（或多次按快捷键〈Ctrl+PgDn〉）使它翻到正文的下面，如图 8-82 所示。

19）利用工具箱中的 ✄（裁剪工具）画出一个矩形框（包括左、右页面），然后在框内双击鼠标，这样框外多余的部分就都被裁掉，主要是右侧下端的文字图形被裁掉，如图 8-83 所示。

图 8-82　在版面下部添加两个单词作为装饰图形

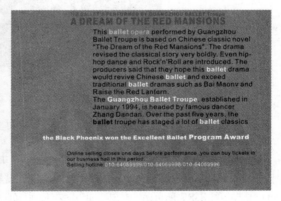

图 8-83　进行版面裁切

20）至此，折页制作完成，最后的折页平面效果如图 8-84 所示。

图 8-84　完成的折页平面效果

2．制作折页的立体展示效果图

各类设计作品的立体展示效果可以给客户非常直观的感受，建立起对成品的初步印象，因此这是非常重要的一项技巧。

1）首先，将封面和封底的图形文字各组成一个群组（按快捷键〈Ctrl+G〉）。然后将它们全部选中，作为一个整体缩小到页面内部，如图 8-85 所示。

图 8-85　将封面和封底整体缩小

2）利用工具箱中的 📐（挑选工具）点中位于左侧的群组，然后打开"变换"泊坞窗，在其中点中"倾斜"图标（第 1 行第 4 个图标），设置如图 8-86 所示的参数，单击"应用"按钮，从而得到如图 8-87 所示的效果，此时左侧页面图形在垂直方向上倾斜 15 度。

3）同理，再点中位于右侧的群组，然后在"变换"泊坞窗中点中"倾斜"图标（第 1 行第 4 个图标），设置如图 8-88 所示的参数，单击"应用"按钮，从而得到如图 8-89 所示的效果，此时右侧页面图形也在垂直方向上倾斜 15 度。

图 8-86 在"变换"泊坞窗中设置左侧倾斜

图 8-87 左侧页面图形在垂直方向上倾斜 15 度

图 8-88 在"变换"泊坞窗中设置右侧倾斜

图 8-89 右侧页面图形在垂直方向上倾斜 15 度

4）绘制一个灰色的矩形，放置在已发生倾斜变形的折页下面。然后在折页的左下方制作一个投影。方法：选择工具箱中的 ▣(交互式阴影工具)，参照图 8-90 所示的位置由右下至左上拖拉一条直线，在属性栏内将"阴影角度"设为 142，"阴影羽化"设为 40，"阴影颜色"设为黑色。此时折页左下方形成了半透明的黑色投影。最后，请读者自己将左侧图形整体调暗一些，此时简单的折页立体展示效果制作完成，如图 8-49 所示。（图 8-49 在桌面上的倒影是在 Photoshop 中进行了更进一步处理后的效果，以供读者参考）。

图 8-90 将标志图形变为半透明状态

8.4 课后练习

（1）制作图8-91所示的标志效果。效果可参考配套光盘"素材及结果\第8章 位图滤镜特效与透镜效果的使用\8.4 课后练习\练习1\透视变形的标志.cdr"文件。

（2）制作图8-92所示的文字效果。效果可参考配套光盘"素材及结果\第8章 位图滤镜特效与透镜效果的使用\8.4 课后练习\练习2\风雪文字.cdr"文件。

图8-91　练习1效果　　　　　　　　　　　　　　　图8-92　练习2效果

（3）制作图8-93所示的请柬效果。效果可参考配套光盘"素材及结果\第8章 位图滤镜特效与透镜效果的使用\8.4 课后练习\练习3\请柬设计.cdr"文件。

（4）制作图8-94所示的餐厅宣传单效果。效果可参考配套光盘"素材及结果\第8章 位图滤镜特效与透镜效果的使用\8.4 课后练习\练习4\餐厅宣传单设计.cdr"文件。

图8-93　练习1效果　　　　　　　　　　　　　　　图8-94　练习2效果

第3部分 综合实例演练

■第9章 综合实例

第9章　综合实例

本章重点：

通过前面 8 章的学习，大家已经掌握了 CorelDRAW X4 的一些基本操作。本章将通过手提纸袋设计、海报设计 2、电脑图书封面及光盘面设计、时尚卡通 T 恤衫设计、方便面碗面包装设计和运动风格的标志设计 6 个综合实例来具体讲解 CorelDRAW X4 在实际设计工作中的具体应用，旨在帮助读者拓宽思路，提高综合运用 CorelDRAW X4 的能力。

9.1　手提纸袋设计

 要点：

本例设计的是一款国外手提纸袋的展示效果图，如图 9-1 所示。该例画面采用水果图形与文字的混合编排，整体风格简洁而又清新自然，属于在第一眼便可打动人的优秀设计。通过本例的学习应掌握纸袋立体造型的绘制、文字外形的修改以及图像的色彩调整（"图像调整实验室"和"色度 / 饱和度 / 亮度"调节功能）等的综合应用。

操作步骤：

1）执行菜单中的"文件 | 新建"命令，新创建一个文件，并在属性栏中设置纸张的宽度与高度为 125mm × 180mm。

图 9-1　手提纸袋立体展示效果图

提示：本例只制作手提纸袋的展示效果图，因此页面尺寸不代表成品尺寸。

2）制作简单的背景环境。方法：利用工具箱中的▢（矩形工具）绘制一个与页面等宽的矩形。然后选择工具箱中◆（填充工具）组中的■（渐变）图标，在弹出的"渐变填充"对话框中设置由"黑色 – 白色"的线性渐变（从上至下），如图 9-2 所示。单击"确定"按钮，从而构成了画面中上部分的背景，效果如图 9-3 所示。接着再右键单击"调色板"中的⊠（无填充色块）取消边线的颜色。

3）利用工具箱中的▢（矩形工具）绘制一个与页面等宽的矩形，填充设置为"深灰色 – 黑色"的线性渐变（从上至下），右键单击"调色板"中的⊠（无填充色块）取消边线的颜色。然后将两个矩形上下拼合在一起，放置在如图 9-4 所示的位置，从而形成简单的展示背景。

4）下面来制作带有立体感的手提袋造型。手提袋的结构很简单，我们利用 3 个几何形的块面来确定它的空间形态。方法：利用工具箱中的◣（贝赛尔工具）先绘制如图 9-5 和图 9-6 所示的纸袋正面和侧面图形，然后将正面（向光面）图形填充为白色，侧面（背光面）图形填充为浅灰色，参考颜色数值为 CMYK (0, 0, 0, 40)。

提示：注意图形间拼接不能留有缝隙。

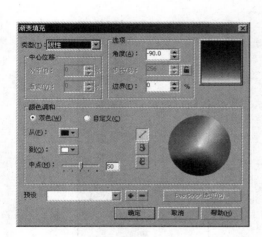

图 9-2　设置"黑色–白色"线性渐变

图 9-3　绘制矩形并填充渐变色

图 9-4　绘制一个矩形

图 9-5　绘制纸袋正面图形并填充白色

图 9-6　绘制纸袋侧面图形并填充灰色

5）为了使手提袋侧面结构生动立体，接下来利用 （交互式网状填充工具）进行光影效果的处理。方法：利用 ▨（挑选工具）选中包装袋侧面图形，然后利用工具箱中的 ▨（交互式网状填充工具）单击侧面图形，此时图形内部自动添加上了纵横交错的网格线。接着利用 ▨（交互式网状填充工具）拖动网格点来调节曲线形状和点的分布。最后如图 9-7 所示，选中一个要上色的网格点（按住〈Shift〉键可以选多个网格点），再在"调色板"中选择相应的一种灰色。通过这种上色的方式可以形成非常自然的色彩过渡。

提示：如果对一次调整的效果不满意，可以单击工具属性栏中的 （清除网状）按钮，可将图形内的网格线和填充一同清除，仅剩下对象的边框。

6）网格调整完成后，侧面图形形成了微妙变化的灰色效果，如图9-8所示，同时也暗示了纸袋侧面的折叠感觉。接下来，再绘制一个位于侧面下部的小三角形，填充设置为"深灰色－浅灰色"的线性渐变，效果如图9-9所示。至此，纸袋的简单造型已绘制完成，整体效果如图9-10所示。

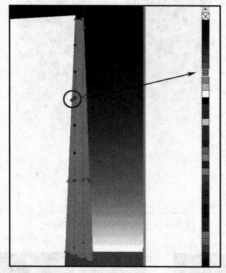

图9-7　选中网格点进行上色

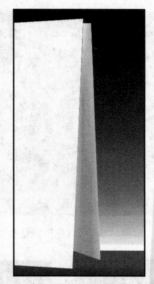

图9-8　侧面网格调整完成后的效果

图9-9　再绘制一个位于侧面下部的小三角形

图9-10　纸袋造型完成后的效果

7）手提袋正面的设计中有一个非常醒目的字母"t"，这是一个图形化了的文字形态。我们先从字库中寻找一个好看的字体，然后通过对其进行修整来完成。方法：利用工具箱中的 字（文本工具）在页面中输入字母"t"，并设置属性栏的"字体"为 BookmanOld Style（读者可以自己选择适合的字体），然后按快捷键〈Ctrl+Q〉将文本转为曲线，此时字符图形化后周围出现控制节点，如图 9-11 所示。接着利用工具箱中的 （形状工具）拖动节点修改文字外形，如图 9-12 所示。

图 9-11　将文字转为曲线　　　　　　图 9-12　拖动节点修改文字外形

8）将外形修整完成后的文字图形填充为明亮的绿色，参考颜色数值为 CMYK（40，0，95，0），如图 9-13 所示。然后再逐个输入其他字母（"字体"为 Arno Pro Smbd），按快捷键〈Ctrl+Q〉将文本转为曲线，经过缩放与旋转之后，如图 9-14 所示，零散地排列于核心字母"t"的周围，形成一种散而不乱、疏密有致的效果，如图 9-15 所示。

9）再制作一些白色的字母图形，将它们如图 9-16 所示排列于绿色的字母"t"上面，另外，在字母"t"的右侧添加一行文本"Made from lemons"，"字体"为 Arial Narrow，填充为同样的绿色。

图 9-13　将文字图形填充为明亮的绿色　　图 9-14　逐个输入其他字母并排列于核心字母"t"的周围

图 9-15　字母形成疏密有致的效果

图 9-16　再制作一些白色的字母图形

10）将上一步骤制作的绿色文本"Made from lemons"复制一份，将"字体"更改为 Arial，填充设置为稍微深一些的绿色，参考颜色数值为 CMYK（40，0，95，30），然后将它移动到如图 9-17 所示的手提袋侧面位置，再顺时针旋转一定角度，作为侧面印刷的文字。为了使文字的透视角度更加适合于手提袋侧面折叠的效果，下面利用 [按钮]（挑选工具）选中文字，多次执行"排列｜顺序｜向后一层"命令，使它移至手提袋正面图形的后面一层，效果如图 9-18 所示。

图 9-17　复制文字并旋转一定角度

图 9-18　使文字移至包装袋正面图形的后面一层

11）这个纸袋属于没有附加提手的一类，因此在纸袋上端要设计出一个内部开口的位置。方法：利用 [按钮]（矩形工具）绘制出一个窄长的矩形，然后利用 [按钮]（形状工具）在矩形的任意一个角上进行拖动，从而得到如图 9-19 所示的圆角矩形。

图 9-19　绘制一个圆角矩形

12）在圆角矩形内填充一种灰色调的多色渐变。方法：选择工具箱中 （填充工具）组中的 ■（渐变）图标，在弹出的"渐变填充"对话框中选择"自定义"单选按钮，如图 9-20 所示。然后在渐变色条上面双击鼠标以增加颜色控制点（每次双击鼠标后渐变色条上增加一个向下的三角符号），再在右侧颜色板中选择颜色，设置完成后单击"确定"按钮，此时矩形被填充上了的渐变色。接着右键单击"调色板"中的 ⊠（无填充色块）取消边线的颜色，再将圆角矩形移至手提袋上端并旋转一定角度，如图 9-21 所示。最后缩小全图，整体效果如图 9-22 所示。

13）下面在手提袋正面加上柠檬的图像，柠檬图像为图库中的点阵图，首先要将它置入页面。方法：按快捷键〈Ctrl+I〉打开如图 9-23 所示的"导入"对话框，在其中选中配套光盘"素材及结果 \ 第 9 章 综合实例 \9.1 手提纸袋设计 \ 柠檬.eps"文件，单击"导入"按钮。然后在弹出的"导入 EPS"对话框中选中"曲线"单选按钮，如图 9-24 所示，单击"确定"按钮。此时鼠标光标变为置入图片的特殊状态。接着在页面中单击导入素材，柠檬图片轮廓被自动添加上了许多控制节点，如图 9-25 所示。

> 提示："柠檬.eps"图片是通过在 Photoshop 中将柠檬外形转换为路径，并在"路径"面板中将路径存储
> 为"剪切路径"来制作完成的，这样图片在置入 CorelDRAW 后会自动去除背景。

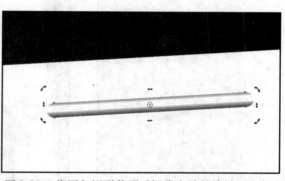

图 9-20　在"渐变填充"对话框中设置多色渐变　　图 9-21　将圆角矩形移至手提袋上端并旋转一定角度

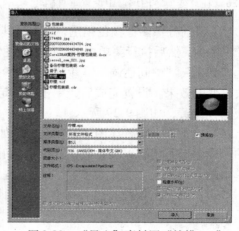

图 9-22　纸袋整体效果　　　　　图 9-23　"导入"素材图"柠檬.eps"

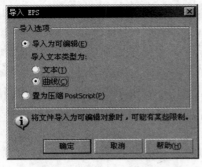

图 9-24 "导入 EPS"对话框

图 9-25 柠檬图片轮廓被自动添加上了许多控制节点

14）对柠檬图形进行一次垂直翻转的操作，改变它光线的照射方向。方法：打开"变换"泊坞窗，在其中的设置如图 9-26 所示，单击"应用"按钮，此时柠檬图形进行了垂直方向上的翻转，现在光线变成从向往上投射的效果了。然后将柠檬图形缩小后放置于字母"t"右上方的位置，如图 9-27 所示。

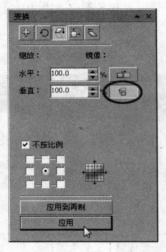

图 9-26 在"变换"泊坞窗中设置垂直翻转

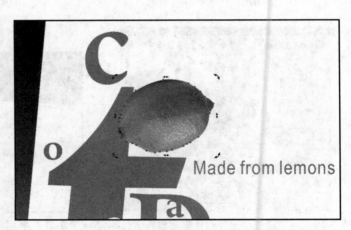

图 9-27 柠檬图形进行了垂直方向上的翻转

15）目前柠檬图像颜色稍重，下面对其进行明暗度的调节。方法：利用 （挑选工具）选中柠檬图像，然后执行菜单中的"位图｜图像调整实验室"命令，在弹出的对话框中改变"亮度"、"高光"、"中间色调"等参数，如图 9-28 所示。此时在左侧预览窗口中可以直观地看到参数改变的效果。设置完成后，单击"确定"按钮，此时柠檬图像整体被调亮，产生了颜色偏淡的柠檬黄，如图 9-29 所示。

16）接下来，将柠檬图形复制两份，如图 9-30 所示摆放在纸袋上部位置。为了让 3 个相同的柠檬图形间稍有差别，我们让位于后面的一个柠檬在色相上稍微偏点橙色。方法：执行菜单中的"效果｜调整｜色度 / 饱和度 / 亮度"命令，在弹出的对话框中的设置如图 9-31 所示，单击"确定"按钮。然后缩小显示。此时完成的手提袋效果如图 9-32 所示。

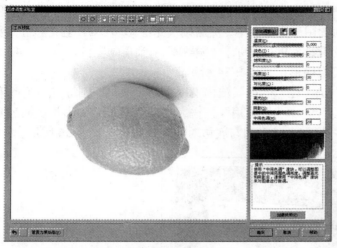

图 9-28 在"图像调整实验室"对话框中修改参数

图 9-29 柠檬图像整体调亮

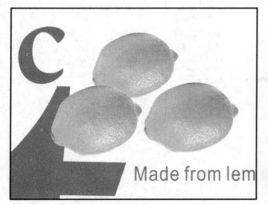

图 9-30 将柠檬图形复制两份

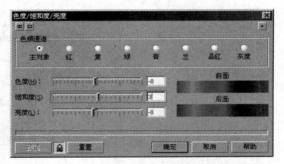

图 9-31 在"色度/饱和度/亮度"对话框中调整颜色

图 9-32 手提袋制作完成的效果

17）下一步，还需为纸袋制作一个倒影的效果，首先制作正面图形的倒影。方法：利用 （挑选工具），将所有构成纸袋正面的图形全部选中，然后按快捷键〈Ctrl+G〉组成群组。接着打开"变换"泊坞窗，在其中的设置如图 9-33 所示，单击"应用到再制"按钮，此时纸袋正面图形在垂直方向上生成了一个镜像图形，如图 9-34 所示。

18）使倒影与纸袋底边对齐。方法：在"变换"泊坞窗中点中"倾斜"图标（第 1 行第 4 个图标），在其中的设置如图 9-35 所示，单击"应用"按钮。此时倒影图形在垂直方向上倾斜 7°，并与底边平行。然后将倒影图形向上移动到与底边对齐的位置，如图 9-36 所示。

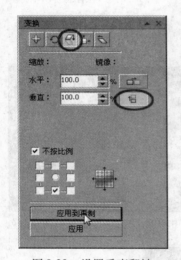

图 9-33　设置垂直翻转

图 9-34　垂直镜像效果

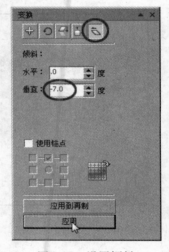

图 9-35　设置倾斜

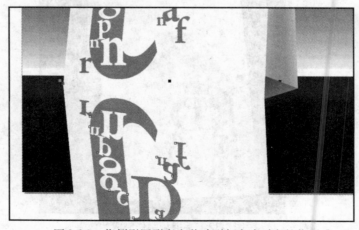

图 9-36　将倒影图形向上移动到与底边对齐的位置

19）由于投影需要整体进行淡出的操作，而且不需要保持高清晰度，因此可将它转换为位图图像。方法：选中倒影图形，执行菜单中的"位图｜转换为位图"命令，在弹出的对话框中的设置如图 9-37 所示。单击"确定"按钮，此时纸袋正面的镜像图形被转为位图。

20）选择工具箱中的 （交互式透明工具），在属性栏内最左侧下拉菜单中选择"线性"，然后如图 9-38 所示从上至下拖拉一条直线。请注意，直线的两端会有两个正方形控制柄，它们分别控制透明度的起点与终点。下面先点中位于下面的控制柄，在属性栏内将"透明中心点"设为 100，再点中位于上面的控制柄，在属性栏内将"透明中心点"设为 30，从而得到从上及下逐渐淡出到背景中去的效果。

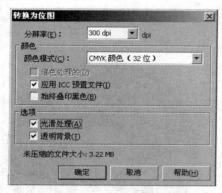

图 9-37　"转换为位图"对话框　　　图 9-38　制作逐渐淡出到背景中去的倒影效果

21）利用工具箱中的 （贝赛尔工具）绘制出如图 9-39 所示的图形，作为纸袋侧面的投影图形，将它填充为深灰色，参考颜色数值为 CMYK（0，0，0，80），然后同样利用 （交互式透明工具）设置透明度。

22）最后，利用工具箱中的 （裁剪工具）画出一个矩形框，然后在框内双击鼠标。这样，框外多余的部分都将被裁掉。

23）至此，柠檬手提纸袋的立体展示效果图制作完成，最后的效果如图 9-1 所示。

图 9-39　制作纸袋侧面的投影图形

9.2 电脑图书封面及光盘盘封设计

要点：

本例将完成一本电脑图书《Flash CS3基础与实例教程》的封面及光盘盘封设计，其中包括图书封面、书脊、封底和一个配套光盘盘封，如图9-40和图9-41所示。在制作时，首先要注意严格规范的尺寸以及设置恰当的辅助线，它们可以使封面、书脊、封底形成一个完整精确的版面；其次，本例涉及的重要知识点还有"图框精确剪裁"、"旋转再制"、图形内部镂空处理（应用"后减前"）以及一些文字排版（如对齐、行距调整、文本竖排等）的功能。另外，还要了解光盘面的常规尺寸与制作思路。

图9-40　电脑图书封面、书背和封底设计

图9-41　电脑图书光盘盘封设计

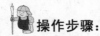

操作步骤：

1．书籍封面、书脊、封底的制作

1）执行菜单中的"文件｜新建"命令，新创建一个文件，并在属性栏中设置纸张的宽度与高度为391mm×266mm。然后按快捷键〈Ctrl+J〉打开"选项"对话框，在左侧列表中选择"水平"项，在右侧数值栏内依次输入3，180，263这几个数值，每次输入完后单击一次"添加"按钮，如图9-42所示。这表示在页面内部设置3条水平方向的辅助线。接着再在左侧列表中选择"垂直"项，在右侧数值栏内依次输入3，188，203，388这几个数值，每次输入完单击一次"添加"按钮，以同样的方法再设置4条垂直方向的辅助线，如图9-43所示。最后，单击"确定"按钮，页面辅助线如图9-44所示。

> 提示：上下左右最边缘的辅助线是出血线，各线距边为3mm；位于页面中间的两条垂直的辅助线定义的是书脊的宽度15mm；书封宽度为185mm，其他辅助线用来定位封面内容。

图 9-42　设置水平辅助线　　　　　　图 9-43　设置垂直辅助线

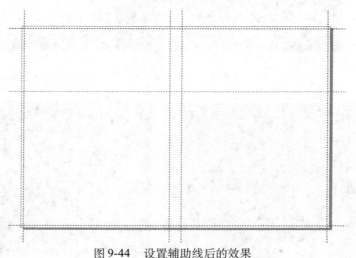

图 9-44　设置辅助线后的效果

2）双击工具箱中的▢（矩形工具），生成一个与页面同样大小的矩形。然后，执行菜单中的"窗口｜泊坞窗｜颜色"命令，调出"颜色"泊坞窗，在其中设置填充色为灰色，参考颜色数值为 CMYK（45，40，40，0）。接着，再右键单击"调色板"中的☒（无填充色块）得到如图 9-45 所示的状态。最后右击矩形色块，在弹出的菜单中选择"锁定对象"命令，将矩形锁定。

提示：双击工具箱中的▢（矩形工具），即可得到一个和页面同等大小的矩形。

3）封面底图主要由几个大的颜色块面构成。下面先来绘制封面图形。方法：利用工具箱中的✎（贝塞尔工具）绘制如图 9-46 所示的闭合图形，设置填充色为黑色，再右键单击"调色板"中的☒（无填充色块）将边线设为无。放置到页面右侧封面范围内，左侧贴齐书脊的辅助线，其他三边都与出血线边缘对齐。接下来，再绘制出另一个闭合图形，设置填充色为红色，参考颜色数值为 CMYK（20，100，100，0），边线为无，上端与位于页面中间的水平辅助线对齐，将其放置于如图 9-47 所示的位置。

图 9-45　绘制一个与页面等大的灰色矩形并将其锁定

图 9-46　绘制黑色闭合图形

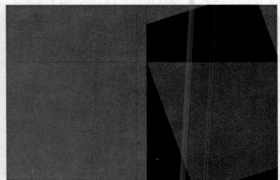

图 9-47　绘制红色闭合图形

4）封底的主要图形与封面是镜像图形，因此只需要复制并进行水平翻转即可。方法：利用工具箱中的 （挑选工具）按住〈Shift〉键同时选中黑色和红色两个图形，然后按快捷键〈Alt+F9〉打开"变换"泊坞窗，在其中的设置如图 9-48 所示。单击"应用到再制"按钮，从而在封面图形左侧得到一个复制的镜像图形。接着将它向左移动到如图 9-49 所示的位置形成对称图形。

5）利用工具箱中的 （矩形工具），在书脊的位置绘制一个窄长的矩形（如图 9-50 所示），将其填充为黑色。

6）下一步要在黑色图形内添加醒目的标题文字。方法：利用工具箱中的 字 （文本工具）在页面中输入文本"Flash CS3"，设置属性栏的"字体"为 Arial Black，"字号"为 70pt，然后，按快捷键〈Ctrl+F8〉将文本转为美术字，文字四周出现控制手柄，如图 9-51 所示。向下拖动控制手柄将文字拉长一些，并将它填充为白色。

图9-48 "变换"泊坞窗

图9-49 在封面图形左侧得到一个复制的镜像图形

图9-50 在书脊的位置绘制一个窄长的黑色矩形

图9-51 向下拖动控制手柄将文字拉长一些

7）利用工具箱中的 字（文本工具）在页面中输入文本"基础与实例教程"，设置属性栏的"字体"为"经典特黑简"（读者可以自己选择适合的粗体字）。然后，拖动文本框右下角横向的小箭头向左移动，使字距减小，如图9-52所示。接着，按快捷键〈Ctrl+F8〉将文本转为美术字，调整到合适的大小。

8）同理，再分别输入文本"中文版"和"第3版"，请读者参照图9-53自己制作。

图9-52　减小字距

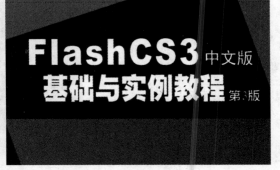

图9-53　输入文本"中文版"和"第3版"

9）封面的中下部区域排列着15张等大的小图片，它们来自于书中案例的局部，我们先来设置图框位置，再将图片置入框中。方法：先应用工具箱中的 （矩形工具），在封面的红色区域内绘制一个矩形框，设置属性栏"对象大小"为24mm × 18mm，如图9-54所示。然后按快捷键〈Alt+F7〉打开"变换"泊坞窗，其中的设置如图9-55所示。单击"应用到再制"按钮，在矩形框右侧得到一个复制图形，水平间距为4mm。再继续单击3次"应用到再制"按钮，得到如图9-56所示的一排5个水平对齐的矩形。

10）利用工具箱中的 （挑选工具）在按住〈Shift〉键的同时选中5个矩形，在"变换"泊坞窗中的设置如图9-57所示，单击"应用到再制"按钮，在矩形框下侧得到一排复制图形，垂直间距为6mm。再继续单击1次"应用到再制"按钮，得到如图9-58所示的3行5列对齐的矩形。

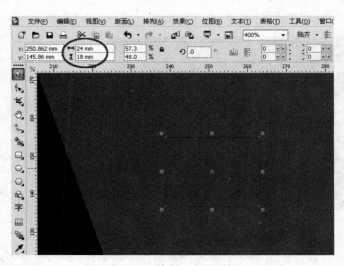

图9-54　绘制一个矩形框

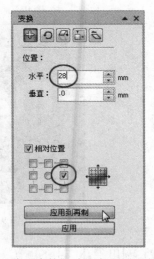

图9-55　在"变换"泊坞窗中设置水平复制

图 9-56 得到 5 个水平对齐的矩形框

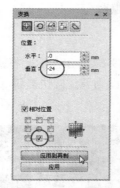

图 9-57 在"变换"泊坞窗中设置垂直复制

图 9-58 得到 3 行 5 列对齐的矩形框

11）矩形框位置定好之后，可以将图片置入。方法：按快捷键〈Ctrl+I〉打开如图 9-59 所示的"导入"对话框，在其中选中配套光盘"素材及结果\第 9 章 综合实例 \9.2 电脑图书封面及光盘盘封设计\素材 \1.tif，2.tif…15.tif"素材图片，单击"导入"按钮，此时鼠标光标变为置入图片的特殊状态，在页面中单击导入素材。接下来，先点中 1.tif，执行菜单中的"效果 | 图框精确剪裁 | 放置在容器中"命令，光标变为一个很粗的黑色箭头，用它点中位于第 1 行第 1 列的矩形框，如图 9-60 所示，图片自动被放置在矩形框内，多余的部分被裁掉，如图 9-61 所示。

图 9-59 导入 15 张小图片

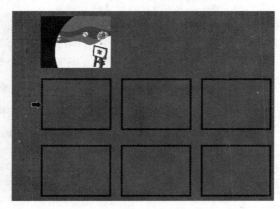

图 9-60 用粗黑箭头的光标点中第 1 行第 1 列的矩形框

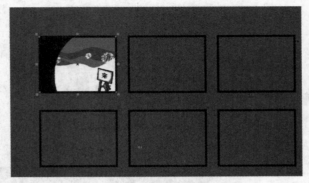

图 9-61　图片自动被放置在矩形框内

12）同理，将其余14张图片都置入到相应的矩形框内，如图9-62所示。然后将图片和矩形框全部选中，右键单击"调色板"中的⊠（无填充色块）将边线设为无，按快捷键〈Ctrl+G〉组成群组。现在封面整体效果如图9-63所示。

图 9-62　将其余14张图片都置入到相应的矩形框内

图 9-63　目前封面整体效果

提示1：在CorelDRAW中使用"图框精确剪裁"功能，可以将一个特定的对象作为另一个对象的边框，将一个对象放到另一个对象的边框中。在这个操作中前一个对象称为内容对象，后一个对象称为容器对象。任何对象都可以作为内容对象，但只有封闭路径的对象（如椭圆、矩形、封闭曲线、美术字等）可以作为容器对象。

提示2：执行菜单中的"效果│图框精确剪裁│提取内容"命令，可以将容器与内容分离；执行菜单中的"效果│图框精确剪裁│编辑内容"命令，进行重新编辑

13）封底也同样排列着2行4列整齐的小图片，但不同的是图片的边框为圆角矩形，下面先来制作圆角矩形容器。方法：利用工具箱中的□（矩形工具），在封底左侧靠下位置绘制一个矩形框，设置属性栏"对象大小"为24mm × 18mm。然后使用工具箱中的（形状工具）在矩形的任一个角上向内拖动，得到圆角矩形，如图9-64所示。

14）参照前面步骤9）和10）的方法，在"变换"泊坞窗中设置参数，复制出如图9-65所示的2行4列圆角矩形。

图 9-64 将矩形修改为圆角矩形

图 9-65 复制出 2 行 4 列圆角矩形

15）圆角矩形框位置定好之后，可以将图片置入。方法：按快捷键〈Ctrl+I〉打开"导入"对话框，在其中选中配套光盘"素材及结果 \ 第 9 章 综合实例 \9.2 电脑图书封面及光盘盘封设计 \ 素材 \d-1.tif，d-2.tif…d-8.tif"，单击"导入"按钮，此时鼠标光标变为置入图片的特殊状态，在页面中单击导入素材。接下来，先单击 d-1.tif，执行菜单中的"效果 | 图框精确剪裁 | 放置在容器中"命令，光标变为一个很粗的黑色箭头，用它点中位于第 1 行第 1 列的圆角矩形框，图片自动被放置在圆角矩形框内，多余的部分被裁掉。

16）同理，将其余 7 张图片都置入到相应的圆角矩形框内，如图 9-66 所示。然后将图片和矩形框全部选中，右键单击"调色板"中的☒（无填充色块）将边线设为无，按快捷键〈Ctrl+G〉组成群组。现在封面和封底的整体效果如图 9-67 所示。

图 9-66 将图片置入圆角矩形内

图 9-67 封面和封底排列小图后的效果

17）现在封面及封底都还需要添加一个象征性的图形符号，它的制作完全依靠 CorelDRAW 中的"变换"泊坞窗中的"旋转再制"，这种方法常被应用于制作沿圆弧排列的对称型图形。方法：先从水平和垂直标尺中各拖出一条辅助线，交汇于页面之外的空白区域，然后选择☉（椭圆形工具（以辅助线交点为中心点）按住〈Ctrl+Shift〉键绘制出一个正圆形，设置属性栏中"宽度"与"高度"为50mm ×50mm。将其填充设置为深灰色，参考颜色数值为CMYK（0，0，0，80），边线为无，效果如图 9-68 所示。

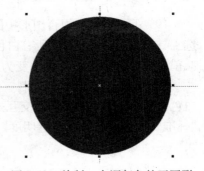

图 9-68 绘制一个深灰色的正圆形

18）在正圆形内部再绘制一个白色小圆，利用 [挑选工具] 单击它直到四周出现旋转光标，如图9-69所示。将旋转中心点拖动到辅助线交汇的圆心处，如图9-70所示。然后按快捷键〈Alt+F8〉打开"变换"泊坞窗，在其中的设置如图9-71所示，旋转角度设置为60°，单击5次"应用到再制"按钮，得到如图9-72所示的一圈白色小圆形。用同样的方法，请读者自己思考制作第2圈白色大圆形和第3圈白色小圆形，每个复制圆形的间隔角度都是60度。效果如图9-73和图9-74所示。

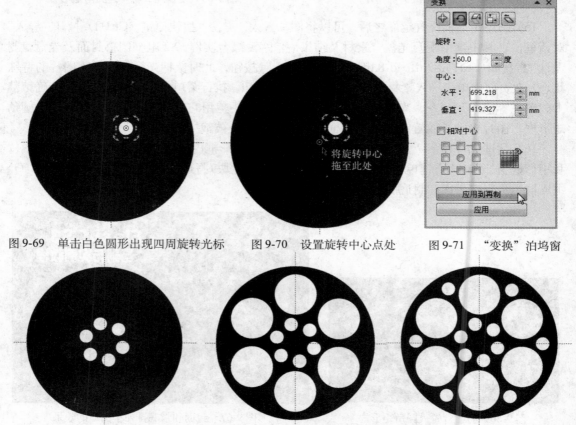

图9-69　单击白色圆形出现四周旋转光标　　图9-70　设置旋转中心点处　　图9-71　"变换"泊坞窗

图9-72　复制出一圈白色小圆形　　图9-73　复制出第2圈白色大圆形　　图9-74　制作完成的标志性图形

19）下面将这个组合图形中的白色圆形部分全部镂空，变为透明区域。方法：利用 [挑选工具] 按〈Shift〉键将所有白色圆形和深灰色大圆形一起选中，然后单击属性栏上的 [后减前] 按钮，白色部分全部变为透明区域，将图形移至封底，得到如图9-75所示的效果。

20）将该图形选中并复制一份，移动到如图9-76所示的封面右下部位置，并将它填充为白色。选择工具箱中的 [交互式透明工具]，在属性栏内"透明度类型"下拉式菜单中选择"标准"项，并将"开始透明度"设置为80，图形变为半透明状态，得到如图9-77所示的效果。

图 9-75　标志图形移至封底后的效果

图 9-76　将标志图形复制一份置于封面，并填充为白色

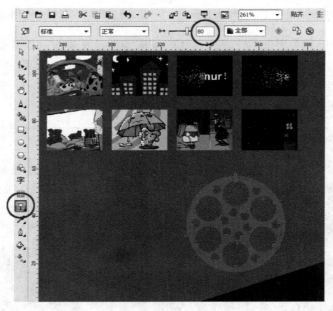

图 9-77　将标志图形变为半透明状态

21）图形部分到此已制作完成，下面添加书封上零散的文字内容。方法：利用工具箱中的 字 （文本工具）在封底页面中输入文本"电脑艺术设计系列教材…"等内容，请读者参照图 9-78 自己选择适合的字体和字号。然后，拖动文本框右下角纵向的小箭头向下移动，使行距增大。

22）接下来，在每行文字的前面绘制一个白色小圆形（通过复制的方法），然后利用 [图] （挑选工具）按〈Shift〉键将所有白色圆形一起选中，执行菜单中的"排列｜对齐和分布｜左对齐"命令，将它们纵向对齐，效果如图 9-79 所示。

图 9-78　添加封底文字并增大行距　　　　图 9-79　在每行文字前绘制白色圆形并垂直对齐

23）将书封中其余零散的文字内容都一一添加上，文本排列缺省状况下是居左对齐，但某些情况下如本书封面的作者和编审文字需要改变对齐方式，利用 [字]（文本工具）将文本涂黑选中，然后在选项栏内弹出菜单中选择"右"项，如图 9-80 所示，文本居右对齐。现在书封的整体效果如图 9-81 所示。

图 9-80　将封面的作者和编审文字居右对齐

图 9-81 添加封面和封底零散文字后的效果

24）最后一步将书脊文字加上，书脊文字为竖排文本。方法：先利用 字 （文本工具）输入横排文本，单击如图 9-82 所示选项栏中的"将文本更改为垂直方向"按钮，横排文本被转换为竖排文本。

图 9-82 将文本更改为垂直方向

25）将书脊上其他文字添加上之后，将书脊上所有文本块和底部窄长的黑色矩形都选中，然后执行菜单中的"排列｜对齐和分布｜垂直居中对齐"命令，将它们纵向居中对齐。到此为止，整个书封面排版完成，整体效果如图9-40所示。

2．盘封的制作

1）执行菜单中的"文件｜新建"命令，新创建一个文件，并在属性栏中设置纸张的宽度与高度为120mm × 120mm。

2）利用工具箱中的 ▣（椭圆形工具）绘制出两个正圆形（按住〈Ctrl+Shift〉键可画出从中心向外发射的正圆形），分别设置对象大小为16mm × 16mm（模拟盘孔大小）、120mm × 120mm（模拟光盘大小），按〈P〉键执行"在页面居中"操作得到如图9-83所示的效果。

3）再绘制两个正圆形，分别设置对象大小为118mm × 118mm、35mm × 35mm，按〈P〉键执行"在页面居中"操作后，将这两个新画的圆形一起选中（按〈Shift〉键），单击属性栏上的 ▣（后减前）按钮，得到如图9-84所示的效果，我们假设它为光盘的有效印刷区。

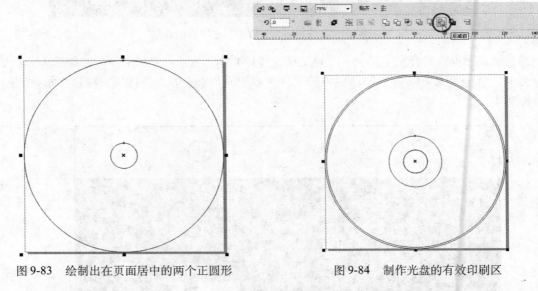

图9-83　绘制出在页面居中的两个正圆形　　　　　图9-84　制作光盘的有效印刷区

4）在页面中绘制两个矩形，分别填充为黑色和红色，参考颜色数值为CMYK（20，100，100，0），边线设置为无。将它们选中后执行菜单中的"排列｜顺序｜到页面后面"命令，得到如图9-85所示效果。接下来，执行菜单中的"效果｜图框精确剪裁｜放置在容器中"命令，光标变为一个很粗的黑色箭头，用它点中有效印刷区的圆圈，矩形内容自动放置到圆圈内，多余的部分被裁掉，如图9-86所示。最后，右键单击"调色板"中的 ☒（无填充色块）取消边线的颜色。

5）从前面完成的封面中将3行5列图片复制过来，按快捷键〈Ctrl+U〉取消群组，然后将如图9-87所示的左侧3行3列图片选中，按快捷键〈Ctrl+G〉重新组成群组，并将它们移至光盘盘封中间居左位置，调整大小，如图9-88所示。

6）再从封面文件中将文字内容分别复制过来，调整大小后置于光盘面盘封中。最后完成的效果如图9-41所示。

图 9-85　绘制两个矩形并移到页面后面

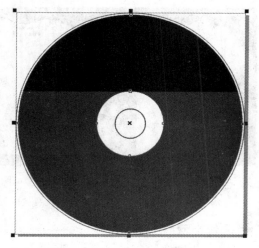

图 9-86　矩形内容被自动放置到有效印刷区内

图 9-87　将左侧 3 行 3 列图片选中成组

图 9-88　将图片组移至光盘面中间居左位置

9.3　时尚卡通 T 恤衫设计

 要点：

　　本例制作的是具有青春时尚风格的夏季 T 恤衫设计，包括短袖衫和无袖衫两种类型，如图 9-89 所示。本例在设计上包括外型设计、领子设计、袖子设计和装饰设计等部分，主要强调的是 T 恤衫的装饰设计，因为这一部分设计空间最为广阔，并且最能体现出强烈的个性和时尚风格。本例选取的 T 恤装饰图形为简洁的卡通风格，因此不涉及复杂的制作技巧。通过本例的学习应掌握利用绘图工具绘制卡通图形、为卡通图形上色、文字沿开放曲线或闭合形状表面排列的技巧的综合应用。

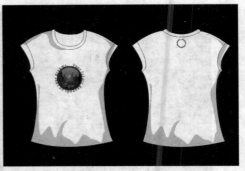

图 9-89　时尚卡通 T 恤衫设计

操作步骤：

1．短袖衫设计

1）执行菜单中的"文件｜新建"命令，新创建一个文件，并在属性栏中设置纸张的宽度与高度为 260mm × 185mm。

2）双击工具箱中的 ▢（矩形工具），从而生成一个与页面同样大小的矩形。然后执行菜单中的"窗口｜泊坞窗｜颜色"命令，调出"颜色"泊坞窗，在其中设置填充色为黑色（衬托白色 T 恤衫的效果）。接着右键单击"调色板"中的 ⊠（无填充色块）取消边线。最后右击矩形色块，在弹出的菜单中选择"锁定对象"命令，将矩形锁定。

3）绘制短袖 T 恤衫的外形图。T 恤衫按外形可分为宽松式、紧身式和收腰式 3 种类型，这里选取的是宽松式。我们运用尽量简洁概括的线条来勾勒外形，首先绘制背面外形图。方法：利用工具箱中的 ✎（贝塞尔工具）绘制出如图 9-90 所示的 T 恤衫外形（闭合路径），然后利用工具箱中的 ▸（形状工具）拖动领口外的节点，使它弯曲成流畅圆润的曲线，并设置填充色为白色。

4）在外形图上绘制领口和分割图形（也可以是分割线）。方法：利用工具箱中的 ✎（贝塞尔工具）在

图9-90　绘制短袖 T 恤衫的外形图

领口、袖子处绘制出弧形的闭合路径或是弧线来表示领口、袖子等部分的位置和分割形状，如图 9-91 所示。这件 T 恤衫的下摆属于直下摆，因此只需要绘制一条直线即可定义下摆。完整的 T 恤衫背面外形如图 9-92 所示。

5）将刚才绘制好的 T 恤衫背面外形图选中，然后复制一份放置在页面左侧，再将它修改为 T 恤衫正面外形图。方法：正背外形上的差异主要在领口处，下面利用工具箱中的 ✎（贝塞尔工具）在领口处绘制如图 9-93 所示的圆弧形闭合路径，注意要将弧线调节得左右对称。然后将 T 恤衫正背外形图并列放置，效果如图 9-94 所示。

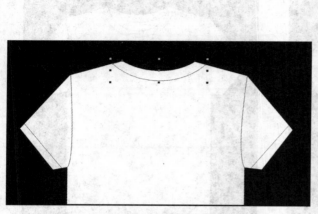

图 9-91 在外形图上绘制领口和分割图形

图 9-92 完整的 T 恤衫背面外形图

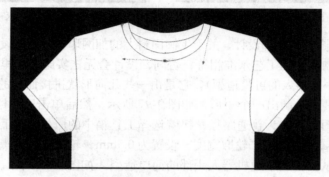

图 9-93 绘制 T 恤衫背面外形图的领口部分

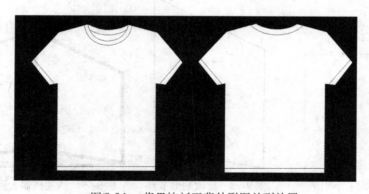

图 9-94 将 T 恤衫正背外形图并列放置

6）为了突出显示 T 恤衫正面的效果（因为主要的装饰图形印在正面），下面在正面外形图内增加一定的衣纹褶皱。方法：利用工具箱内的 （贝塞尔工具）绘制出如图 9-95 所示的褶皱形状（这个形状可以是一个完整的闭合图形，也可以是几个分离的闭合图形），然后设置填充色为浅灰色，参考颜色数值为 CMYK（0，0，0，10），并取消边线，得到如图 9-96 所示的浅浅的衣褶起伏效果。

图 9-95 绘制出褶皱形状并填充为浅灰色   图 9-96 浅浅的衣褶起伏效果

7）下面进行 T 恤衫的装饰设计，关于 T 恤面料上的加网印花，图案设计不能完全随心所欲，必须与后期 T 恤印花的工艺水准相符；否则，设计会无法实施。这里我们选择的是简单的卡通图案（一个小机器人的可爱造型），它是由一些几何形状拼接而成的。方法：利用工具箱中的 □（矩形工具）绘制出一个矩形，如图 9-97 所示，然后单击属性栏内的 ⊙（转换为曲线）按钮，使矩形图形转换为普通路径。接着选择工具箱中的 ⬚（形状工具）进行调整，如图 9-98 所示，并在属性栏内将"轮廓宽度"设置为 0.5mm，轮廓颜色为黑色。最后绘制两个矩形并进行修整，从而得到卡通机器人头部的简单造型，如图 9-99 所示。

 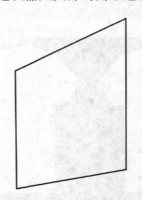 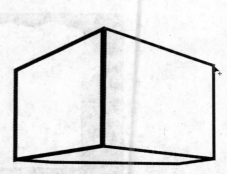

图 9-97 绘制出一个矩形   图 9-98 修改矩形节点   图 9-99 卡通机器人头部的简单造型

提示：进行 T 恤装饰图形设计，必须掌握 T 恤印花的基本工艺，还要了解生产者的印花技术水平及所用的 T 恤印花设备。例如，彩色面料的 T 恤一直是采用水性胶浆涂料印花的，但如果生产者掌握了热固塑胶印墨的生产技术并购置了相应的设备，也可以采用热固墨对彩色面料 T 恤进行印花和加工。而胶浆印花与热固墨印花对图案的设计有不同的要求，胶浆只能进行简单的色块图案印花；热固墨则可以采用加网过渡阶调印花，不仅可以在白色 T 恤上进行原色加网印花，还可以在深色 T 恤上进行专色加网印花。如果设计人员设计的图案与生产者所掌握的技术工艺不相符，则印刷出来的图案达不到设计者的原创意图和效果，甚至根本无法施印。因此，T 恤设计师必须十分关注世界上最新 T 恤印料和印花设备的发展状况及其技术特点。

8）同理，再绘制出构成卡通机器人身体部分的组件，这些部分基本上全是由规则的矩形修改拼接而成的，绘制过程中要注意物体的透视关系，使其成为几个可以相互拼接的立方体，如图9-100所示。

9）接下来，在主体结构上添加机器人造型的附属部分，如耳朵、手、身体上的图案等。方法：利用工具箱中的 （贝塞尔工具）绘制出如图9-101所示的耳朵和手的形状（注意后面要填色，因此这些局部也都要画成闭合路径）。然后为了使机器人卡通化和拟人化，开始添加鼻子造型。选择工具箱中的 （贝塞尔工具）绘制出一段直线，然后单击工具箱中的 （轮廓工具组）中的"画笔"选项，在弹出的"轮廓笔"对话框中选择一种虚线类型，如图9-102所示，单击"确定"按钮，接着绘制一个小小的嘴巴图形，从而得到如图9-103所示的效果。

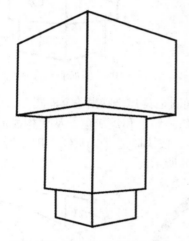

图9-100　构成机器人身体部分

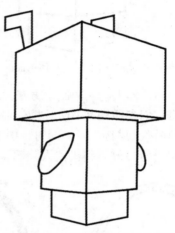

图9-101　绘制出耳朵和手的形状

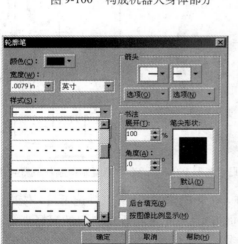

图9-102　选择一种虚线类型

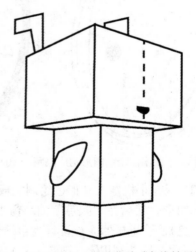

图9-103　嘴巴造型（虚线效果）

10）请读者参照图9-104和图9-105绘制出机器人身体前面的装饰图案（填充为浅灰色）和俏皮的舌头图形（填充为红色），因为都是简单的几何形状和线条的绘制，方法不再累述。

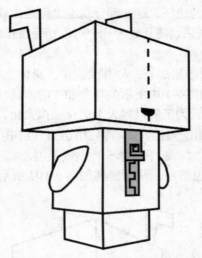

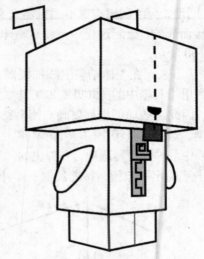

图9-104　绘制出机器人身体前面的装饰图案　　　　图9-105　添加俏皮的舌头图形

11）绘制机器人的大眼睛。方法：利用 ⬭（椭圆工具）绘制出4个椭圆形，如图9-106所示，然后将它们参照图9-107效果分别填充为白色、黑色和浅灰色，从而构成简单的眼睛图形。接着利用 ▸（挑选工具）同时选中4个椭圆形，按快捷键〈Ctrl+G〉组成群组。最后将眼睛图形复制一份，放置到机器人脸部，如图9-108所示。

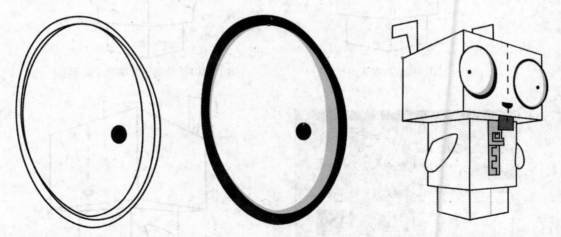

图9-106　绘制出四个椭圆形构成眼睛　　图9-107　给眼睛图形上色　　图9-108　复制眼睛并放置到机器人脸部

12）现在小机器人外形已绘制完成，下面进入上色阶段。利用 ▸（挑选工具）依次选中各个局部图形，然后在"颜色"泊坞窗中设置不同的颜色（读者可根据自己的喜好来给卡通机器人上色），这里机器人被设计为草绿色调，参考颜色数值为CMYK（25，0，80，0），如图9-109所示。接着利用 ⬭（椭圆工具）绘制一个椭圆图形，填充为浅灰色，参考颜色数值为：CMYK（0，0，0，20），再多次执行"排列｜顺序｜向后一层"命令，使它移至机器人图形后面，从而形成机器人在地面上的投影效果，如图9-110所示。

图9-109　机器人被设计为草绿色调　　图9-110　绘制一个灰色椭圆形成机器人在地面上的投影效果

13）利用 ▨（挑选工具）选中所有构成机器人的图形，然后按快捷键〈Ctrl+G〉组成群组，并移动到 T 恤衫正面中心位置，如图 9-111 所示。

图9-111　将机器人移动到 T 恤衫正面中心位置

14）添加一行沿曲线排列的文字。方法：利用 ▨（贝塞尔工具）绘制出一条曲线，然后利用 字（文本工具）在曲线开端的部分单击鼠标，此时在曲线上会出现一个顺着曲线走向的闪标，接着输入文本 "DOG DAYS"（英文含义为 "7、8 月三伏天"），并在属性栏中设置 "字体" 为 "Cooper Std Black"，"字号" 为 16pt，如图 9-112 所示。最后将文字的 "填充" 设置为由 "橘黄色 – 草绿色" 的线性渐变，再将文字移动到 T 恤衫正面机器人图形的上方，效果如图 9-113 所示。

15）同理，在 T 恤衫背面领口处也添加一行沿曲线排列的文字 "DOG DAYS"，请读者自己制作，效果如图 9-114 所示。至此，短袖 T 恤衫正背面款式设计全部完成，最后的效果如图 9-115 所示。

图 9-112   添加一行沿曲线排列的文字   图 9-113   将填充为渐变色的文字移动到 T 恤衫上

图 9-114   在 T 恤衫背面也添加一行沿曲线排列的文字

图 9-115   短袖 T 恤衫正背面款式设计效果图

2．无袖 T 恤衫设计

1）执行菜单中的"文件｜新建"命令，新创建一个文件，并在属性栏中设置纸张的宽度与高度为 260mm × 185mm。

2）双击工具箱中的▢（矩形工具），生成一个与页面同样大小的矩形。然后执行菜单中的"窗口｜泊坞窗｜颜色"命令，调出"颜色"泊坞窗，在其中设置填充色为黑色（衬托白色T恤衫的效果）。接着右键单击"调色板"中的⊠（无填充色块），取消边线。最后右击矩形色块，在弹出的菜单中选择"锁定对象"命令，将矩形锁定。

3）绘制无袖T恤衫的外形图。这里选取的是一款收腰式无袖T恤衫（女式），下摆属于弧形下摆，我们运用尽量简洁概括的线条来勾勒T恤衫背面外形。方法：利用工具箱中的🖉（贝塞尔工具）绘制出如图9-116所示的T恤衫外形（闭合路径），并设置填充色为白色。

4）在外形图上绘制领口和分割图形（也可以是分割线）。方法：利用工具箱中的🖉（贝塞尔工具）在领口、袖口处绘制出弧形的闭合路径或是弧线，从而得到无袖T恤背面的外形图。然后将T恤衫背面外形图复制一份放置在页面左侧，将它修改为T恤衫正面外形图。正背外形上的差异主要在领口处。下面利用工具箱中的🖉（贝塞尔工具）在领口处绘制如图9-117所示的圆弧形闭合路径。注意，要将弧线调节得左右对称。接着将T恤衫正背外形图并列放置，效果如图9-118所示。

图9-116　绘制出T恤衫背面外形

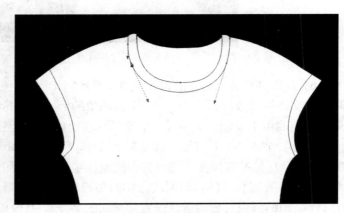

图9-117　绘制T恤衫背面外形图的领口部分

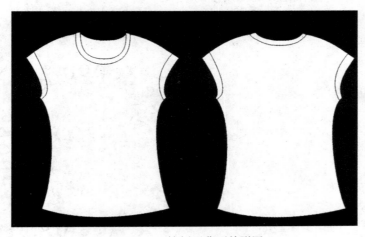

图9-118　T恤衫正背面外形图

5）为了强调T恤衫的布面材质和追求一种生动的效果，下面在正背面外形图内增加一定的衣纹褶皱。方法：利用工具箱内的 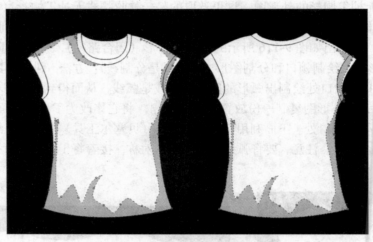（贝塞尔工具）绘制出如图9-119所示的褶皱形状（该形状可以是一个完整的闭合图形，也可以是几个分离的闭合图形），并设置填充色为浅灰色，参考颜色数值为CMTK（0，0，0，10）。

图9-119　绘制出T恤正背面上简单的褶皱形状

6）现在进行装饰部分的设计，也就是绘制T恤衫上要印的图案，这种款式体现的是一种巧妙的文图组合效果。方法：利用工具箱中的（椭圆工具），按住〈Ctrl〉键绘制出一个正圆形，然后利用工具箱中的（文本工具）在绘制的圆形上单击，此时会出现一个顺着曲线走向的闪标，如图9-120所示，接着输入文字"Your future depends on your dreams."，并调整字号大小，尽量使这段文字排满整个圆圈。再在沿线排版的文字上按住鼠标并顺时针拖动，从而调整文字在圆弧上的排列形式，如图9-121所示。最后选中文字，在属性栏内设置"字体"为Typodermic（也可自由选择任意你喜欢的字体），右键单击"调色板"中的（无填充色块），取消圆形的轮廓线，从而得到如图9-122所示的效果。

按住鼠标旋转调整文字位置

图9-120　在正圆形边缘上插入光标　　　图9-121　调整文字在圆弧上的排列形式

图 9-122 取消圆形的轮廓线后的文字效果

7）利用 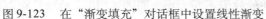（挑选工具）选中沿线排版的文字，执行菜单中的"排列 | 拆分美术字"命令，然后选择工具箱中的 （填充工具）组中的 （渐变）图标，在弹出的如图 9-123 所示的"渐变填充"对话框中设置"黑色 – 蓝色"的线性渐变，单击"确定"按钮，此时文字与圆形中都填充上了如图 9-124 所示的渐变色。

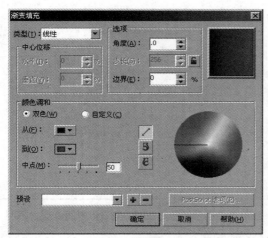

图 9-123 在"渐变填充"对话框中设置线性渐变　　图 9-124 文字与圆形中都填充上了渐变颜色

8）利用 （挑选工具）点中中间的圆形，然后打开"变换"泊坞窗，在其中设置参数如图 9-125 所示，单击"应用到再制"按钮，从而复制出一个缩小的、中心对称的正圆形。接着在这个圆形内填充由"蓝色 – 黑色"的线性渐变，得到如图 9-126 所示的效果。最后再复制出一个缩小的、中心对称的正圆形，并填充为白色，如图 9-127 所示。

9）接下来，在中间白色圆形内部要绘制一系列水珠和水滴的图案，从而形成一种仿佛水从圆形内溢出的效果。方法：利用 （贝塞尔工具）在圆形内绘制几个连续的如同正在下坠的水滴形状，填充设置为粉蓝色，参考颜色数值为CMYK（20，20，0，0），并在每个水滴下端添加很小的白色闭合图形，从而形成水滴上的高光效果，如图9-128所示。

10）制作一个透明的小水泡单元图形。方法：利用 ▢（椭圆工具）绘制一个椭圆形，颜色填充为粉蓝，参考颜色数值为CMYK（20，20，0，0），然后选择工具箱中的 ▢（交互式透明工具），在属性栏设置参数如图9-129所示，将圆形中间部分变为透明。

图9-125　"变换"泊坞窗　　图9-126　复制一个正圆形并填充渐变色　　图9-127　复制一个正圆形并填充白色

图9-128　绘制下坠的水滴形状　　图9-129　利用"交互式透明工具"将圆形中间处理为透明

11）将小水泡的单元图形复制许多份，并缩放为不同大小，如图9-130所示散放在白色圆形中下部。

12）使文字环绕的图形呈现出立体凸起的效果。方法：利用 ▨（挑选工具）点中白色的圆形，然后选择工具箱中的 ▨（填充工具）组中的 ▉（渐变）图标，在弹出的"渐变填充"对话框中设置由"蓝紫色－蓝色"的"方角"类型渐变，如图9-131所示。单击"确定"按钮，此时圆形被填充上如图9-132所示的方角形放射状渐变。

图9-130 将小水泡的单元图形散放在白色圆形中下部

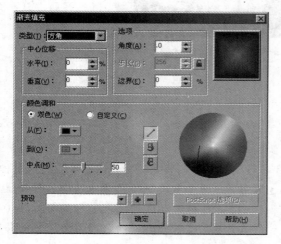

图9-131 在"渐变填充"对话框中设置方角渐变　图9-132 文字环绕的图形呈现出立体凸起的效果

13）利用 ▷（挑选工具）将所有构成装饰图案的文字与图形都选中，按快捷键〈Ctrl+G〉组成群组。然后将它移动到T恤衫正面外形图上。接着将装饰图案中的局部图形复制一份，缩小后放置到T恤衫背面靠近领口处，如图9-133所示。

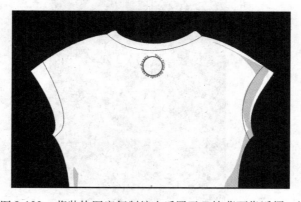

图9-133 将装饰图案复制缩小后置于T恤背面靠近领口处

14）至此，这件女式无袖 T 恤衫正背面款式设计全部完成，最后的效果如图 9-134 所示。

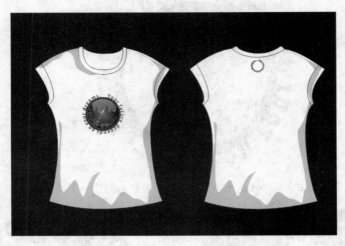

图 9-134 女式无袖 T 恤衫正背面款式设计效果图

9.4 方便面碗面包装设计

要点：

西方人说，"包装是无声的推销员"，醒目而华丽的食品包装是提升产品自身价值的关键。本例选取的碗面是消费者非常熟悉的一种食品包装形式，效果如图 9-135 所示。它在结构上包括碗与碗面盖贴两部分，我们需要分别制作碗的造型（包括外部设计效果）和碗面盖贴（包括平面效果图和与碗合成的透视效果图）。另外，该包装为了突出食品特色与沿袭一贯的品牌风格，还加入了摄影图像和醒目的文字，整个设计广告诉求的是明朗、清晰的效果。通过本例的学习应掌握利用"旋转再制"功能制作一系列复制图形、精确剪裁，利用"焊接"形成新的图形，利用"交互式封套工具"调整图形与文字的外形等的综合应用。

图 9-135 方便面碗面包装设计

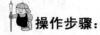操作步骤:

1．制作碗的造型

1）执行菜单中的"文件｜新建"命令，新创建一个文件，设置属性栏纸张宽度与高度为185mm × 260mm。

提示：本例教大家制作的是方便面外型的设计效果图，因此页面尺寸不代表成品尺寸。

2）绘制方便面简单的盒身线条稿。方法：利用工具箱中的▣（矩形工具）绘制如图9-136所示的矩形，然后利用工具箱中的 ▯（挑选工具）选中该矩形，单击属性栏内的 ◌（转换为曲线）按钮，从而将矩形图形转换为普通路径。接着利用工具箱中的 ▮（形状工具）点中矩形右上角节点，单击属性栏内的 ⤴（转换直线为曲线）按钮，再拖动节点的控制线将直线修改为弧线，最后使用同样的方法将矩形下部直线也修改为弧线，效果如图9-137所示。

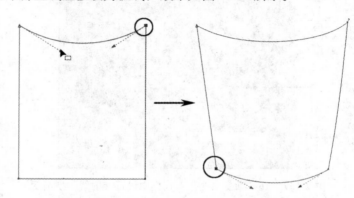

图 9-136 绘制一个矩形 　　　　　图 9-137 将矩形转换为普通路径并修改为弧线

3）利用工具箱中的 ▣（椭圆工具），绘制出如图9-138所示的包装盒顶部圆形，并将其填充为白色。

图 9-138 绘制包装盒顶部形状

4）方便面简单的线条稿绘制完成后，下面开始制作盒身内部的底纹图案，先在页面外制作图案再贴入线条稿内。方法：选择 ◯ （椭圆工具），按住〈Ctrl〉键绘制一个正圆形，然后选择工具箱中的 ◇ （填充工具）组中的 ■ （渐变）图标，在弹出的"渐变填充"对话框中设置由"橙色－浅黄色"的"射线"型渐变，如图9-139所示，单击"确定"按钮，此时圆形被填充渐变后的效果如图9-140所示。接着右键单击"调色板"中的 ⊠ （无填充色块）按钮，取消边线的颜色。

5）利用工具箱中的 ↘ （贝塞尔工具）绘制出如图9-141所示的闭合路径，并将其填充为天蓝色，参考颜色数值为CMYK（100，0，0，0），再右键单击"调色板"中的 ⊠ （无填充色块）按钮，取消边线的颜色。然后选择工具箱中的 ▽ （交互式透明工具），在属性栏中设置参数如图9-142所示，从而得到一种半透明的效果。

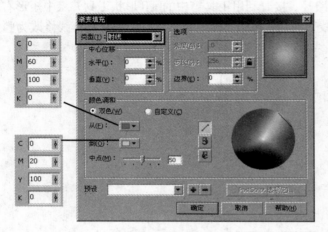

图9-139 在"渐变填充"对话框中设置"射线"型渐变　　　　图9-140 填充渐变后的效果

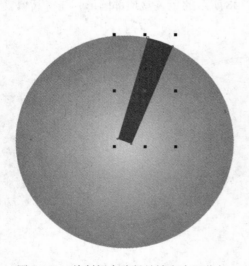

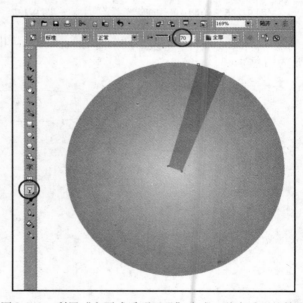

图9-141 绘制闭合路径并填充为天蓝色　　　　图9-142 利用"交互式透明工具"生成一种半透明的效果

6）接下来要围绕圆心（可以从标尺中拖出辅导线以确定圆心位置）制作一系列复制图形，我们通过"变换"泊坞窗中的"旋转再制"功能来实现。方法：利用 ▨（挑选工具）单击小图形直到四周出现旋转光标，如图 9-143 所示。然后将旋转中心点拖动到圆心处，按快捷键〈Alt+F8〉打开"变换"泊坞窗，在其中设置旋转角度为 20 度，如图 9-144 所示，再多次单击"应用到再制"按钮，从而得到如图 9-145 所示的一圈绕同一中心旋转排列的小圆形。由于图形具有一定的透明度，因此在圆形中心自然生成了一种美丽的重叠效果。接着利用 ▨（挑选工具）将所有图形都选中，按快捷键〈Ctrl+G〉组成群组。

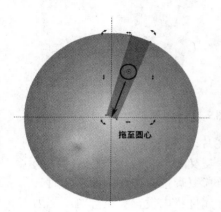  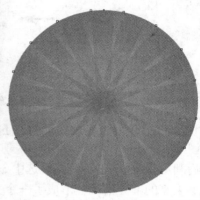

图 9-143　将旋转中心点拖动到圆心处　图 9-144　"变换"泊坞窗　图 9-145　旋转复制后得到的图形效果

7）将刚才制作好的图形复制一份（留做碗面盖贴上的底图），然后选中复制出的图形，执行菜单中的"效果｜精确剪裁｜放置在容器中"命令，此时鼠标变成一个向右的粗箭头，接着利用它点中碗面盒身图形，此时图案内容被自动放置到盒身图形内，多余的部分被裁掉，如图 9-146 所示。

图 9-146　圆形被剪裁于包装内部

8）现在图案在盒内的位置不理想，下面继续进行调整。方法：鼠标右键单击盒身图形，在弹出的菜单中选中"编辑内容"命令，进入如图 9-147 所示的编辑状态，然后移动图案的位置，调整合适后在右键弹出菜单中选择"结束编辑"命令。接着利用 ▨（贝塞尔工具）绘制两个弧形图形（沿着包装的外边缘绘制，弧度与盒下部边缘一致），并分别将它们填充为白色与深灰色，参考颜色数值为 CMYK（0，0，0，90），取消轮廓线，效果如图 9-148 所示。

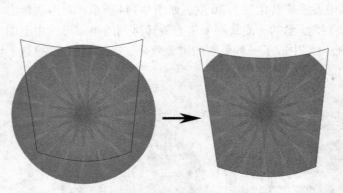

图 9-147　通过"编辑内容"调整图案相对于盒身的位置　　　图 9-148　绘制 2 个弧形图形并分别填色

9）在方便面包装盒的正面，还需添加几何图形和产品图片，下面先来绘制产品图片的衬底图形。方法：利用工具箱中的 ⬚（椭圆形工具）绘制出 3 个交叉的正圆形，如图 9-149 所示，然后利用 ⬚（挑选工具）同时选中 3 个圆形，单击属性栏内的 ⬚（焊接）图标按钮，此时 3 个圆形重叠的部分消失，形成了一个完整的闭合路径。接着在属性栏内设置"轮廓宽度"为 1.5mm，颜色为黑色，如图 9-150 所示。再将它放置于包装盒上面（位于放射状底图的中心位置），效果如图 9-151 所示。

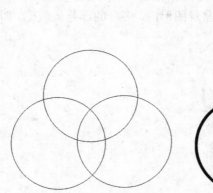

图 9-149　绘制三个圆形交错放置　　　图 9-150　焊接后的效果　　　图 9-151　将焊接图形放置于包装盒的效果

10）食品包装中通常都会配有产品的摄影图片，它有两个优点，一是能吸引消费者购买，二是能让消费者根据图片得到产品的直观感受，进而产生了解产品的欲望。下面先置入方便面的摄影图片。方法：按快捷键〈Ctrl+I〉，在弹出的"导入"对话框中选择配套光盘"素材及结果 \ 第 9 章　综合实例 \9.4 方便面碗面包装设计 \ 方便面.psd"，单击"导入"按钮，此时鼠标光标变为置入图片的特殊状态，然后在页面中单击即可导入素材，效果如图 9-152 所示。

提示："方便面.psd"文件在 Photoshop 中事先做了退底的处理，因此置入后背景直接变为透明。

11）选中置入的图片，执行菜单中的"效果｜精确剪裁｜放置在容器中"命令，此时鼠标会变成一个向右的粗箭头，然后用它点中刚才使用 3 个圆形"焊接"而成的图形，此时图案内容会被自动放置到该图形内，并将多余的部分裁掉，如图 9-153 所示。

图 9-152 "方便面.psd"　　　　　图 9-153 将产品图片置于 3 个圆形"焊接"而成的图形内

12）图形位置确定后，接下来进入文字编辑部分，先设计标题文字。方法：选择工具箱中的（钢笔工具）绘制出如图 9-154 所示的字母"MINI NOODLE"的外形。

提示：在该食品包装中选用如此直线型风格的文字是为了配合面条的口感。另外，粗体的感觉也符合产品 mini 英文的可爱效果。

图 9-154 绘制出文字"MINI NOODLE"的外形

13）将文字复制一份并移动到右下方位置，然后将其填充为橘红色，参考数值为 CMYK（0，80，100，0）。接着执行菜单中的"排列｜顺序｜向后一层"命令，将红色文字下移一层。接着将位于上面的字母"NOODLE"的填充颜色改为黑色，从而得到如图 9-155 所示的效果。最后将"MINI"和"NOODLE"两个单词的字母分别选中，按快捷键〈Ctrl+G〉组成两个群组。

图 9-155 制作字母重叠的效果

14）由于方便面碗面的盒身为柱体形式，为了符合透视效果，下面将文字处理为弧形，从而与外型一致。方法：利用工具箱中的（交互式封套工具）调整文字的形状，使其与后面的图形协调，图9-156所示为带封套编辑框的调节状态。然后分别对两个单词都进行扭曲操作，从而得到如图9-157所示的效果。

图9-156　带封套编辑框的文字调节状态　　　图9-157　文字与图形的合成效果

15）下面在包装盒上添加一些零散的图形和广告语，从而增加包装的丰富性和信息的传达性。注意在制作时都需要顺应圆柱形的盒面进行扭曲变形。方法：利用工具箱中的（矩形工具）绘制出一个矩形，并将其填充为橘红色，参考数值为CMYK（0，80，100，0），然后利用（形状工具）在矩形的任一个角上拖动，从而得到圆角矩形。接着利用（文字工具）输入一行文本"原味牛肉"，并在属性栏中设置"字体"为黑体，"字号"为24pt，再单击属性栏中的（将文本更改为垂直方向）按钮，将文字自动变为竖排文本，并将其填充为白色。

16）按快捷键〈Ctrl+Q〉将文本转为曲线，然后同时选中文字与圆角矩形，按快捷键〈Ctrl+G〉组成群组。下面进行沿弧线的透视变形，利用工具箱中的（交互式封套工具）调整文字与图形，拖动编辑框四周的节点和控制线使其发生柔和的弧面变形，如图9-158所示。

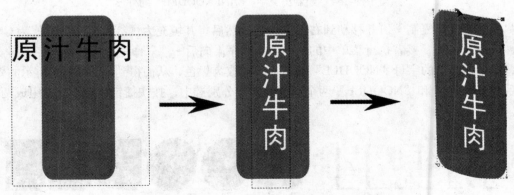

图9-158　文字标识"原汁牛肉"的制作流程图

17）另一个广告标识的制作方法也大体相同，首先利用工具箱中的（贝塞尔工具）绘制如图9-159所示的曲线图形，然后输入文字后利用 🔲（交互式封套工具）调整文字的透视变形，使其与包装盒的透视整体相符。接着将制作好的图标都贴到包装上面，效果如图9-160所示。

> 提示：可将"MINI"文字的底部图形填充为"深灰色－浅灰色－深灰色"的线性渐变，这样盒子圆弧形凸起感会更强一些。

图9-159 制作另一个广告标识

图9-160 将制作好的图标都贴到包装上面

18）现在碗面的文字上部为白色圆弧图形，而真实材质为塑料外壳，因此需要给它添加一些颜色变化。方法：利用 ▨（挑选工具）选中白色图形，然后选择工具箱中的 ◇（填充工具）组内的 ■（渐变）图标，在弹出的"渐变填充"对话框将其设置为灰白相间的多色渐变，如图9-161所示，单击"确定"按钮，此时圆形被填充上如图9-162所示的渐变。

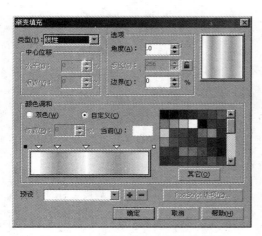

图9-161 设置灰白相间的多色渐变

图9-162 填充多色渐变后的塑料外壳效果

19）在碗的上部边缘部分再绘制出一圈细边，作为方便面盒上的立体外围，在其中也填充灰白相间的多色渐变（请参照图9-163设置"渐变填充"对话框参数），然后利用工具箱中的▣（交互式投影工具），在它的下方制作出很窄的投影效果（也可以参看录频文件中的另一种制作阴影的方法）。至此，方便面盒身基本制作完毕，效果如图9-164所示。

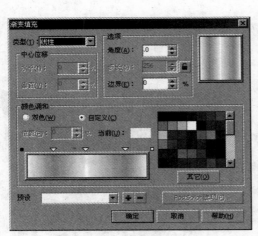

图9-163　在"渐变填充"对话框内设置灰白相间的多色渐变　　　图9-164　　在碗边图形下添加投影

2．制作碗面盖贴

1）利用工具箱中的▣（椭圆工具）与▣（贝塞尔工具）绘制出组成碗面盖贴的简单轮廓图形（2个图形），效果如图9-165所示。然后利用▯（挑选工具）同时选中两个图形，单击属性栏内的▣（焊接）按钮，此时两个图形重叠的部分会消失，从而形成一个完整的闭合路径，如图9-166所示。

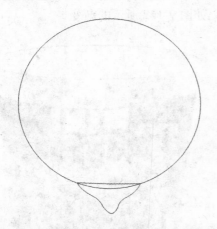

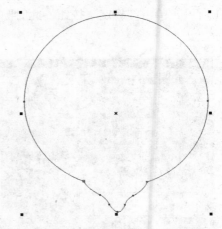

图9-165　绘制出组成碗面盖贴的简单轮廓图形　　　　图9-166　　图形"焊接"后的效果

2）选中前面步骤7）中复制的备用图形，将它调整到如图9-167所示的位置和大小。然后多次执行菜单中的"排列｜顺序｜向后一层"命令，将它移至盖贴轮廓图形的后面一层。接着选中放射状的备用图形，执行菜单中的"效果｜精确剪裁｜放置在容器中"命令，此时鼠标会变成一个向右的粗箭头，再用它点中盖贴轮廓图形，此时图案内容会被自动放置到该图形内，多余的部分被裁掉，如图 9-168 所示。

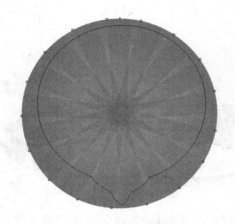

图 9-167　调整图形的相对位置

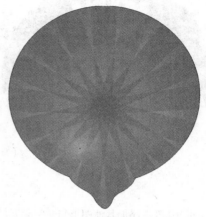

图 9-168　将放射状图案置于盒贴轮廓图内

3）下面制作碗面盒贴上的标题文字内容。方法：利用 ▣（矩形工具）绘制位于文字底部的黑色矩形，然后将盒身上刚才制作好的文字"MINI"复制一份，放在黑色矩形的正中间，如图 9-169 所示。接着利用工具箱中的 ▨（交互式封套工具）分别调整文字与图形的变形弧度，从而得到如图 9-170 所示的拱形效果。

图 9-169　绘制黑色矩形并将盒身上的文字"MINI"复制一份

图 9-170　分别调整文字与图形的变形弧度，得到拱形效果

4）将盖贴上的其他文字与图形元素都从碗面盒身上复制过来，然后参照图 9-171 进行排列。现在制作的是平面的盖贴效果，下面要将它进行透视变形，再与刚才制作好的盒身合在一起。方法：利用 ▸（挑选工具）选中所有组成盖贴的图形，然后按快捷键〈Ctrl+G〉组成群组。接着执行菜单中的"效果｜添加透视"命令，拖动透视变形控制柄编辑形状的透视效果，初步调节完成的效果如图 9-172 所示。

提示：对于已经发生过封套变形的文字与图标，复制过来后可以执行菜单中的命令"效果 | 清除封套"命令，即可恢复到变形之前的状态。

图9-171 添加其他图形与文字元素 图9-172 使盖贴图形组发生透视变形

5）目前的问题是，盖贴内部的放射状底图在透视变形后并不理想，下面需要对其进行单独调整。方法：按快捷键〈Ctrl+U〉对盖贴图形进行拆组操作，然后利用 （挑选工具）将盖贴内部的图文进行适当的微调，接着选中放射状底图，单击鼠标右键，在弹出的菜单中选择"编辑内容"命令，进入如图9-173所示的编辑状态，再调整放射状图形的大小和位置后再次单击鼠标右键，在弹出的菜单中选择"结束编辑"命令，从而形成如图9-174所示的完整效果。

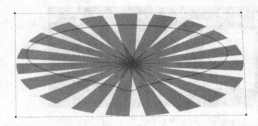

图9-173 在"编辑内容"状态下单独调整放射状底图 图9-174 调整完成后的整体效果

6）按快捷键〈Ctrl+I〉，在弹出的"导入"对话框中选择配套光盘"素材及结果 \ 第9章综合实例 \9.4 方便面碗面包装设计 \ 方便面－透视.psd"，单击"导入"按钮，此时鼠标光标变为置入图片的特殊状态，然后在页面中单击即可导入素材，如图9-175所示。

7）选中置入的图片，执行菜单中的"效果 | 精确剪裁 | 放置在容器中"命令，此时鼠标变成一个向右的粗箭头，然后用它点中盖贴上利用3个圆形"焊接"而成的图形，此时图片会被自动放置到该图形内，多余的部分被裁掉，效果如图9-176所示。接着将组成盖贴的所有图形进行编组，完整的效果如图9-177所示。

提示：调整盖贴图形透视变形程度时，可将它移至碗面盒身图形上进行参照。

8）将编组后的盖贴图形进行缩放并移动到碗面盒身的上面。至此，方便面碗面包装外型的整体设计效果图制作完成，效果如图9-178所示。

图 9-175　"方便面－透视.psd"

图 9-176　将素材图片放置到"焊接"而成的图形内

图 9-177　碗面盖贴最终效果图

图 9-178　盒盖安置于包装中

9）为了衬托出碗面的展示效果，下面制作一个简单而醒目的背景。由于食品包装的特点，因此背景选用的是能引起人食欲的橘红色调。方法：利用 ▢（贝塞尔工具）绘制出如图 9-179 所示的 3 个图形（它们拼在一起构成一个矩形）作为背景，然后分别将 3 部分图形填充为不同的渐变色，此处的颜色渐变读者可根据自己的喜好来设置，这种拼接效果可形成一种颜色的运动感，如图 9-180 所示。接着将产品图形放置于背景图内，效果如图 9-181 所示。

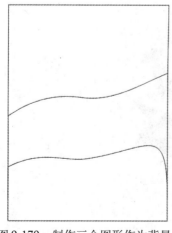

图 9-179　制作三个图形作为背景

图 9-180　分别填充为不同的渐变色

图 9-181　将产品放置于背景图内

10）此时碗面在背景的衬托下，底部边缘显得过于生硬，下面对其进行调整。方法：利用工具箱中的 （形状工具）调节碗下部边缘的节点，并在属性栏内转换不同的节点类型，从而将碗底边缘调节成弧形，如图 9-182 所示。

11）至此，方便面碗面包装设计效果图制作完成，效果如图 9-183 所示。下面为了得到更好的虚拟展示效果，还可以通过 Photoshop 软件加入一些光影变化，并且制作一个倒影，这一步请读者参照图 9-135 的效果自己完成。

图 9-182　调节底边节点以形成弧形

图 9-183　在 CoreDRAW 中完成的结果图

9.5　运动风格的标志设计

要点：

本例要制作的是一个轻松活泼的"运动风格"标志，如图 9-184 所示。通过本例的学习应掌握文字处理技巧（如沿曲线排列文字、立体投影文字、描边文字等），▦（交互式网状填充工具）和多重复制的综合应用。

图 9-184　运动风格的标志

操作步骤：

1）执行菜单中的"文件|新建"（快捷键〈Ctrl+N〉）命令，新建一个CorelDRAW文档。然后在属性栏中设置纸张宽度与高度为200mm × 150mm。

2）先来制作带有立体感的足球图形。方法：利用工具箱中的 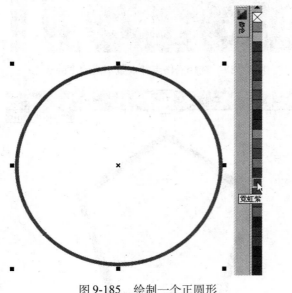（椭圆形工具），按住〈Ctrl〉键在页面中绘制出一个正圆形，设置属性栏中"宽度"与"高度"为40mm × 40mm。然后右键单击"调色板"中的"霓虹紫"，参考颜色数值为CMYK（20，80，0，0），从而将轮廓色设为该色，接着在属性栏中将"轮廓宽度"设为0.7mm，效果如图9-185所示。

3）要在足球中形成简单的立体凸起效果，必须在内部生成光影的明度变化，这里利用 （交互式网状填充工具）来完成。方法：选择工具箱中的 （交互式网状填充工具），在属性栏中设置网格大小为4行5列，自动生成如图9-186所示的网状效果。

图9-185　绘制一个正圆形

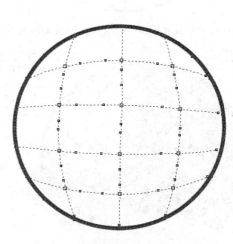

图9-186　设置网格

4）形成初步的交互式网格后，利用 （交互式网状填充工具）将网格交叉点以外的所有节点选择并删除（如图9-187中用红线圈出的节点），这样操作会减少很多麻烦，从而使控制线简单明了，易于调整。然后利用 （交互式网状填充工具）拖动网格点调节曲线形状，并在"调色板"中选择相应的灰色，如图9-188所示。

> 提示：利用 （交互式网状填充工具）不但可以改变对象的填充效果，还可以改变对象的外观，因此不要移动圆形边缘上的网格点，否则会破坏足球的外形。如果对一次调整的效果不满意，可以单击工具属性栏中的"清除网格"按钮，可将圆形内的网格线和填充一同清除，仅剩下对象的边框。

5）网格调整完成后，圆形内形成了变化的灰色效果，如图9-189所示，此时球体初步的立体感和光感已形成。

6）下面继续绘制足球的表面图案。方法：利用工具箱中的 （多边形工具），设置属性栏中的"边数"为5,在页面中按住〈Ctrl〉键绘制一个正五边形。然后,右键单击"调色板"中的"霓虹紫"(参考颜色数值为:CMYK (20,80,0,0)),设置边线的颜色,并将属性栏中的"轮廓宽度"设为0.7mm,如图9-190所示。接着,单击属性栏中的 ◎(转换为曲线)按钮,将五边形转换为普通的可编辑路径。

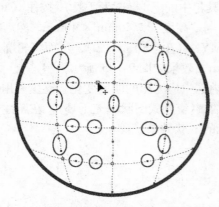

图9-187　选择并删除网格交叉点以外的所有节点

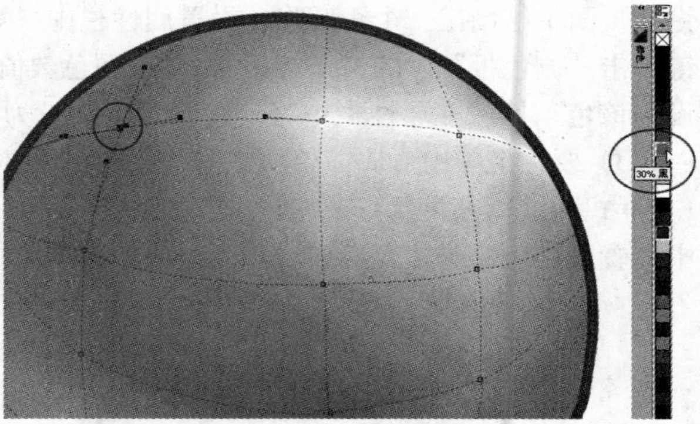

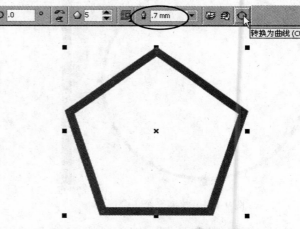

图9-188　选择网格点并设置不同明度的灰色

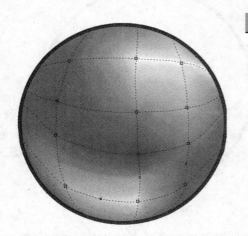

图9-189　网格调整完成后的颜色效果

图9-190　绘制五边形并转换为曲线

7)将五边形移至足球图形上面的相对位置并调整大小。然后利用工具箱中的 (形状工具)点中位于顶端的节点,将它向右上方拖动一点距离,使其在视觉上符合球面的走向(也可以对其他节点进行微调),效果如图9-191所示。

8)利用工具箱中的 (挑选工具)选中五边形,在工具箱中的"填充工具"组中单击"渐变填充"按钮,然后在弹出的"渐变填充"对话框中设置如图9-192所示的参数。单击"确定"按钮,从而将五边形填充为从"霓虹紫"色到白色的圆形渐变,效果如图9-193所示。

9)足球表面还有5个近似的五边形图案,但它们由于透视的作用,以不规则的形状分别排布于球形的四周。下面我们先来勾画它们的外形。方法:利用工具箱中的 (贝塞尔工具)绘制如图9-194所示的5个闭合路径(注意有曲线的微妙转折),右侧两个面积稍大一些的图

形填充为紫色 – 白色的渐变，边线设为"霓虹紫"，"轮廓宽度" 0.7mm；而左侧和顶部的 3 个图形直接填充为"霓虹紫"即可，效果如图 9-195 所示。

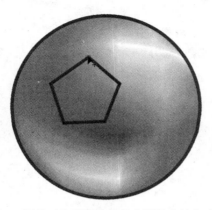

图 9-191　调节五边形形状使其在视觉上符合球面的走向

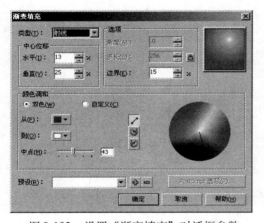

图 9-192　设置"渐变填充"对话框参数

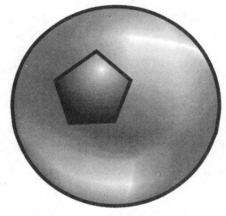

图 9-193　在五边形中填充圆形渐变

图 9-194　再绘制 5 个闭合路径

图 9-195　填充完成后的效果

4）制作调和效果。方法：选择工具箱中的 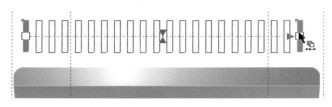（交互式调和工具），然后拖动小矩形到复制的长方形位置进行交互式调和，如图9-261所示。

图9-261　交互式调和

5）将线条纹理指定到瓶底图形中去。方法：利用 （挑选工具）选中调和对象，然后执行菜单中的"效果|图框精确裁剪|放置在容器中"命令，再将光标指向瓶底，如图9-262所示。接着单击鼠标即可，结果如图9-263所示。

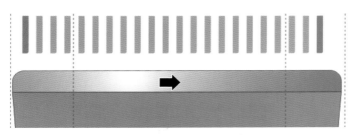

图9-262　将光标指向瓶底

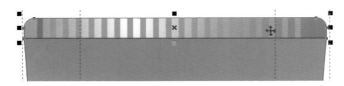

图9-263　放置容器中的效果

5．添加文字

利用工具箱中的 （文本工具）在瓶身上输入文字，并调整文字位置，最终结果如图9-215所示。

9.7　课后练习

（1）制作图9-264所示的标志效果。效果可参考配套光盘"素材及结果\第9章 综合实例\9.7 课后练习\练习1\透视变形的标志.cdr"文件。

（2）制作图9-265所示的文字效果。效果可参考配套光盘"素材及结果\第9章 综合实例\9.7 课后练习\练习2\风雪文字.cdr"文件。

（3）制作图9-266所示的请柬效果。效果可参考配套光盘"素材及结果\第9章 综合实例\9.7 课后练习\练习3\请柬设计.cdr"文件。

图 9-264 练习 1 效果

图 9-265 练习 2 效果

图 9-266 练习 3 效果